TRAITÉ
DE LA CONDUITE ET DE LA DISTRIBUTION
DES EAUX

V.

PARIS.—IMPRIMÉ PAR E. THUNOT ET Ce, 26, RUE RACINE.

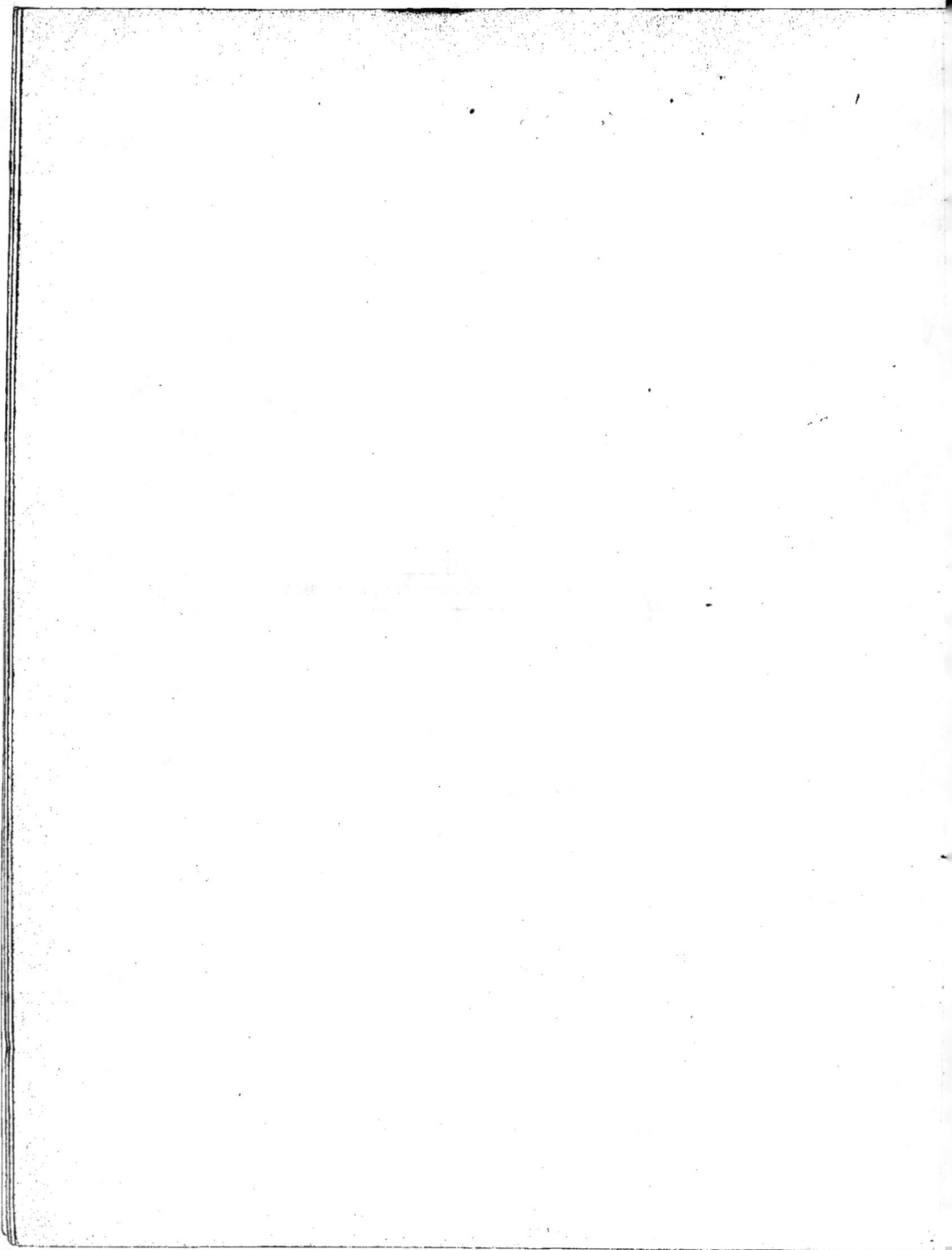

TRAITÉ

THÉORIQUE ET PRATIQUE

DE LA CONDUITE

ET

DE LA DISTRIBUTION DES EAUX

AVEC UN ATLAS DE 47 PLANCHES

PAR

J. DUPUIT

INSPECTEUR GÉNÉRAL DES PONTS ET CHAUSSÉES
ANCIEN DIRECTEUR DU SERVICE MUNICIPAL DE LA VILLE DE PARIS

DEUXIÈME ÉDITION
revue et considérablement augmentée

ATLAS

PARIS

DUNOD, ÉDITEUR

LIBRAIRE DES CORPS IMPÉRIAUX DES PONTS ET CHAUSSÉES ET DES MINES
Quai des Augustins, 49

1865

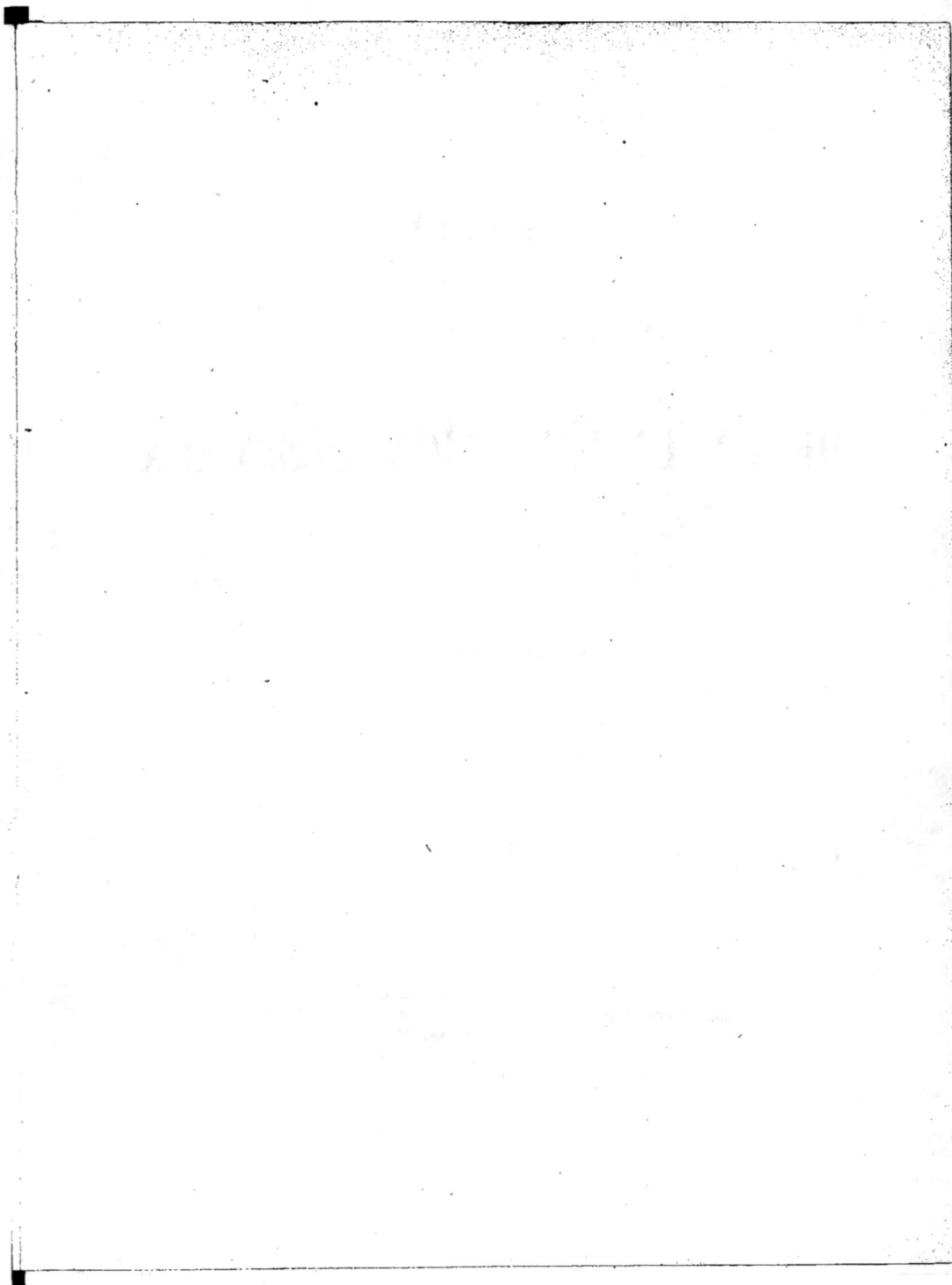

Conduite et distribution des Eaux.

Fig. 1

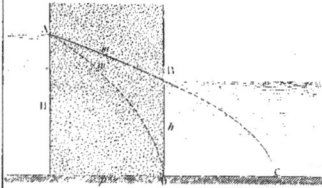

Fig. 2

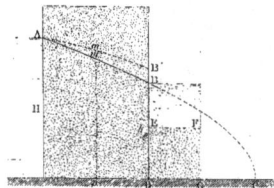

Fig. 3

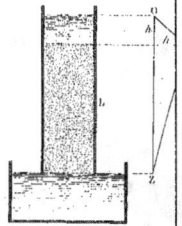

Fig. 6

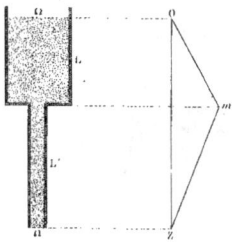

Fig. 7

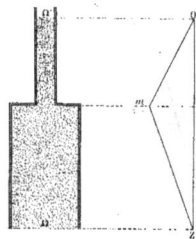

Fig. 8

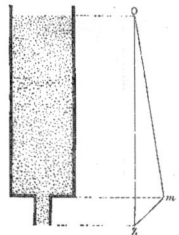

Plan général
dépendant

Fig. 12

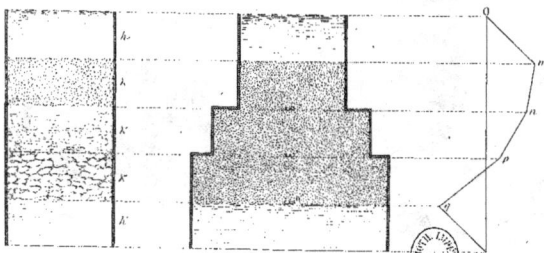

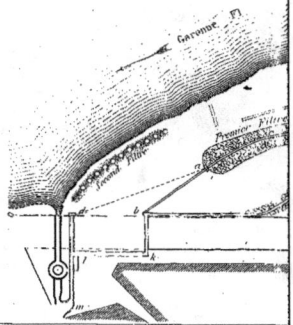

Fig. 4

Fig. 5

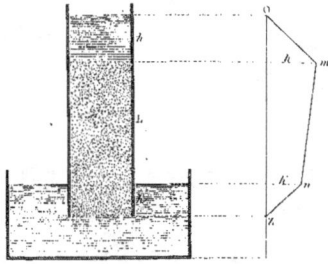

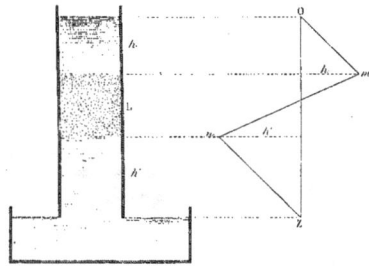

Fig. 9

Fig. 10

Fig. 11

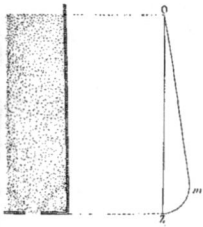

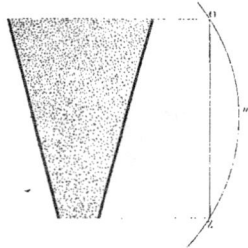

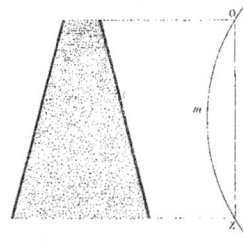

Fig. 13
des Filtres naturels et des Aqueducs
de la Distribution de Toulouse

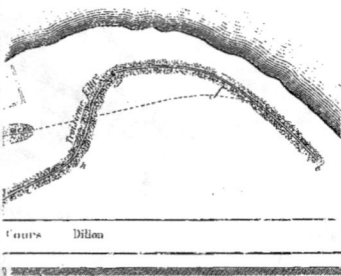

Cours   Dillon

Fig. 14
Coupe du troisième Filtre

Dulac sc

Fig. 15
Eaux de Lyon

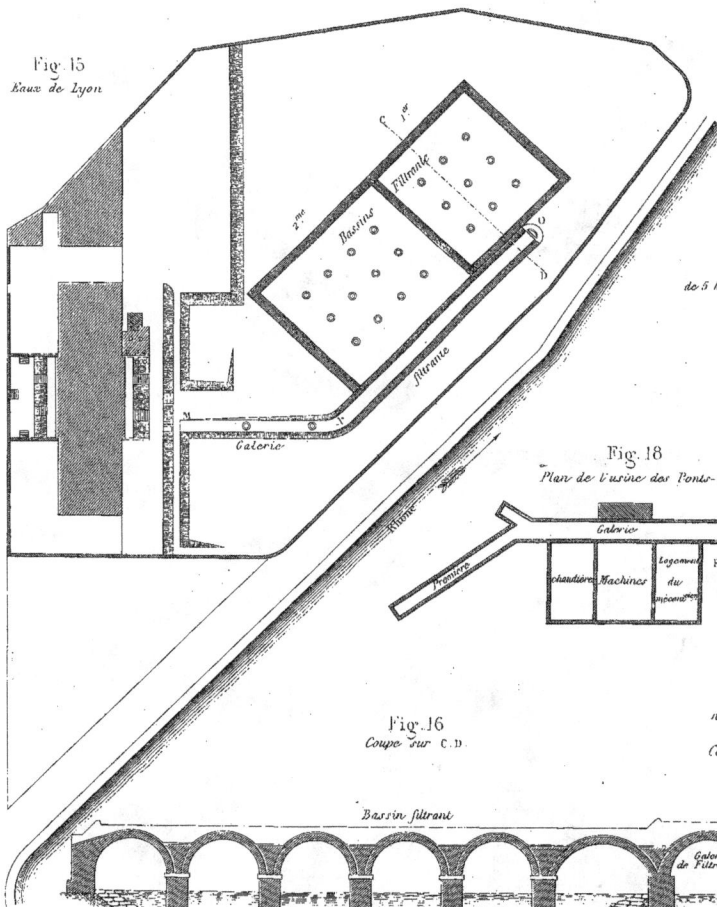

1er

Filtrante

2me

Bassins

filtrante

Galerie

Conduite ascensionnelle
de 5 kilo.mes se rendant à Anger

Rhône

Fig. 18
Plan de l'usine des Ponts-de-Cé

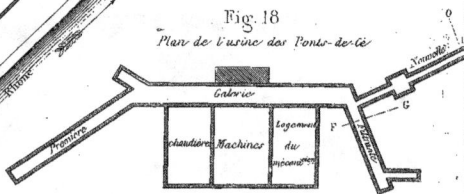

Galerie

Nouvelle

chaudière Machines | Logement
du
mécanicien

Première

Troisième

G

F

Fig. 20
Coupe de la
nouvelle Galerie

Coupe sur P.O.

Fig. 16
Coupe sur C.D

Bassin filtrant

Galerie
de Filtration

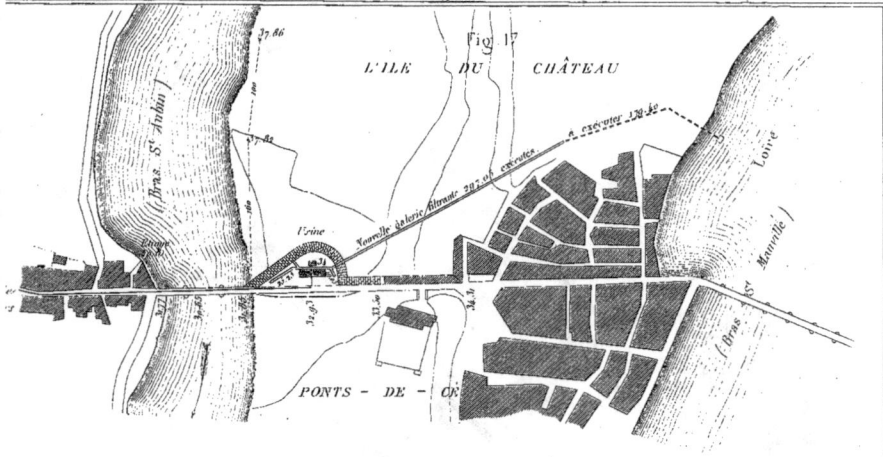

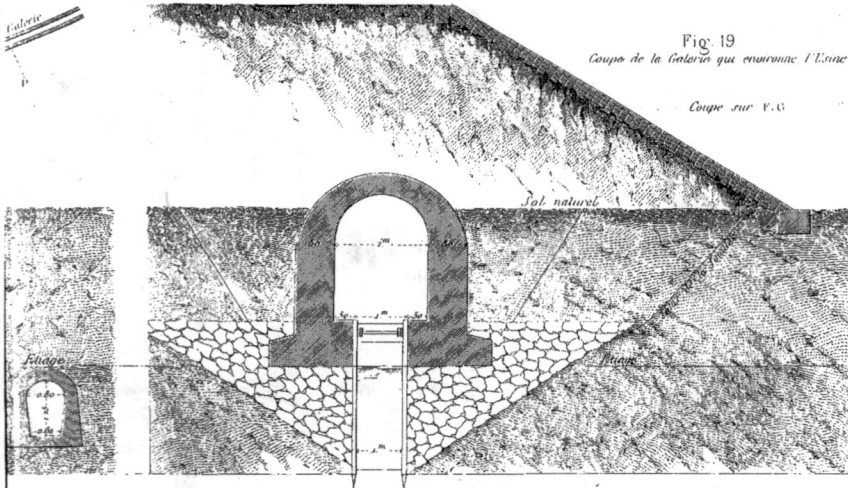

Fig. 17

L'ILE DU CHÂTEAU

Bras S.t Aubin

37.66

Usine

Nouvelle Galerie filtrant 207.08 exécutée

A exécuter 170.86

Loire

Bras S.t Maurille

PONTS - DE - CE

Galerie

Fig. 19

Coupe de la Galerie qui environne l'Usine

Coupe sur V.G

Sol naturel

Filtage

Dules del et sculp

Fig. 24.

Fontaine domestique.

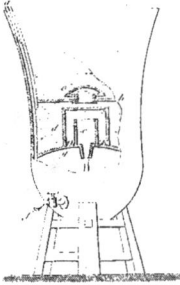

Fig. 27.

Tonneau filtre.

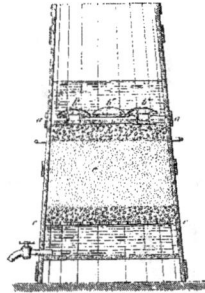

Fig. 29.

Détail d'un Champignon.

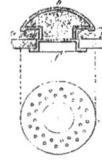

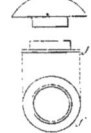

Fond inférieur du tonneau.

Fig. 30.

Filtre portatif

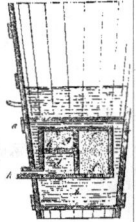

Fig. 26.

Plan du filtre domestique.

Fig. 25.

Cloche pour le tonneau.

Fig. 28.

Plan du fond du tonneau.

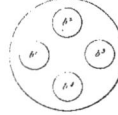

Fig. 32.

Fig. 31.

Plan du filtre portatif.

Fig. 21.

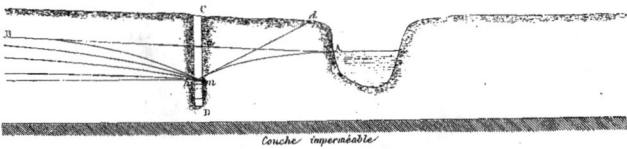

Couche imperméable

Fig. 23

Coupe du filtre de Hull suivant *AB.*

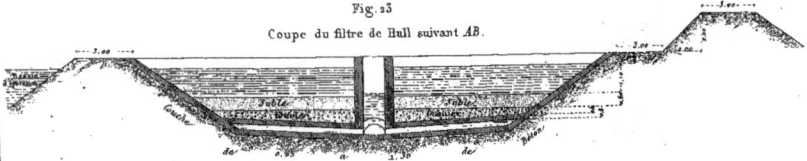

Fig. 34.

Filtre marin.

Fig. 38.

Filtre à double courant.

Fig. 39.

Filtre de la C.ᵉ française.

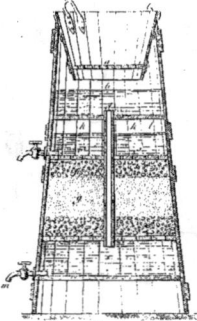

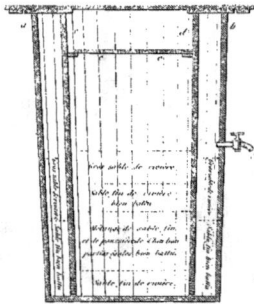

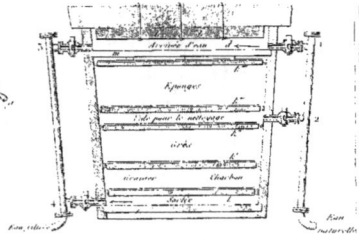

Fig. 37.

Plan du filtre marin.

Fig. 33.

Fig. 35.

Seau de nettoyage.

Fig. 40.

Filtre à la tour de la C.ᵉ Fonction.

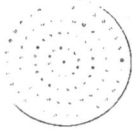

Fig. 36.

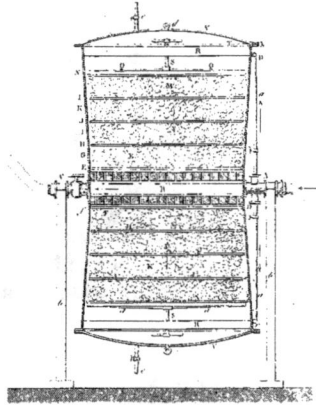

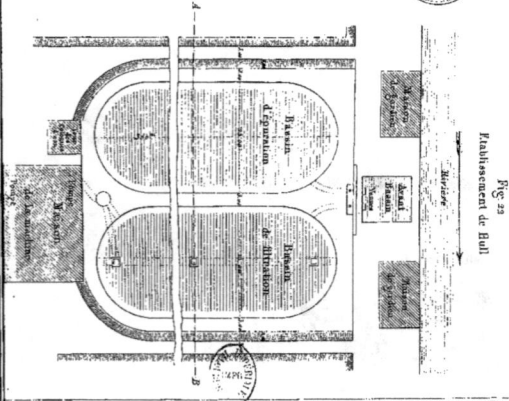

Fig. 23

Établissement de Bull.

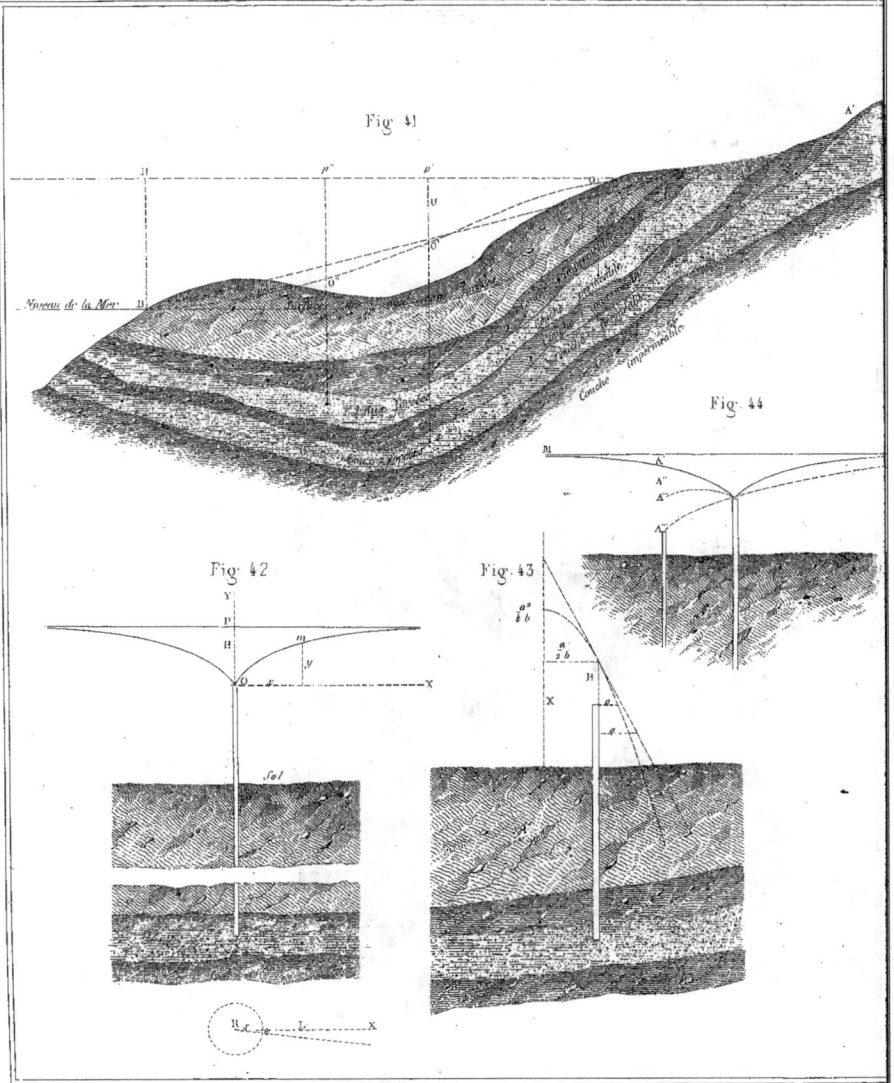

Fig. 41

Fig. 44

Fig. 42

Fig. 43

Fig 45

Grenelle

Passy

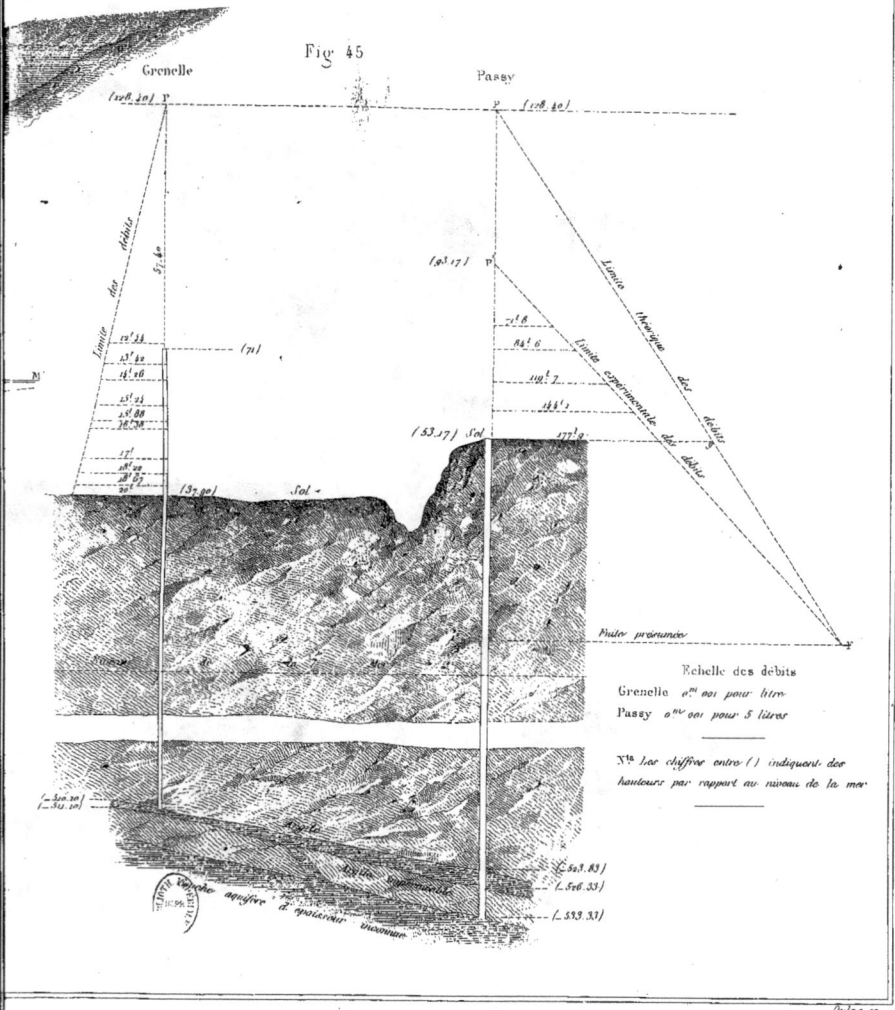

Echelle des débits

Grenelle 0^m.001 pour 1 litre

Passy 0^m.001 pour 5 litres

N^{ta}. Les chiffres entre ( ) indiquent des
hauteurs par rapport au niveau de la mer.

Dulos sc.

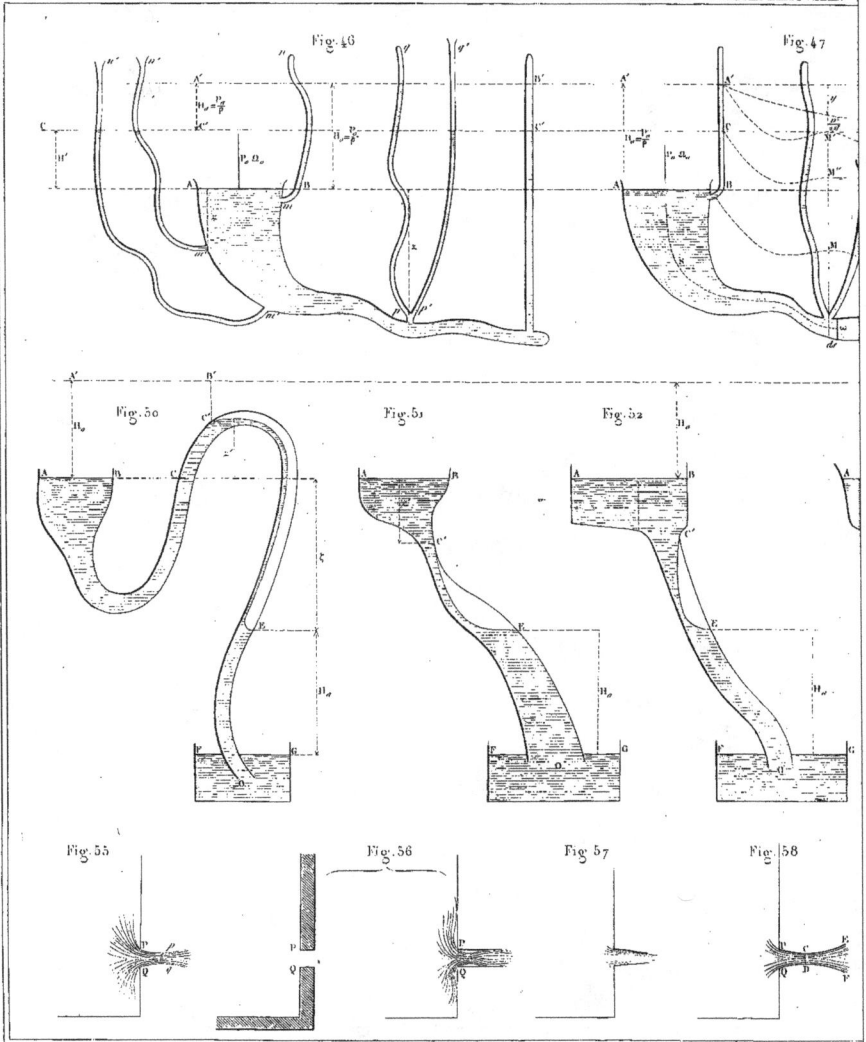

Fig. 46

Fig. 47

Fig. 50

Fig. 51

Fig. 52

Fig. 55

Fig. 56

Fig. 57

Fig. 58

Pl. 3

Fig. 48

Fig. 49

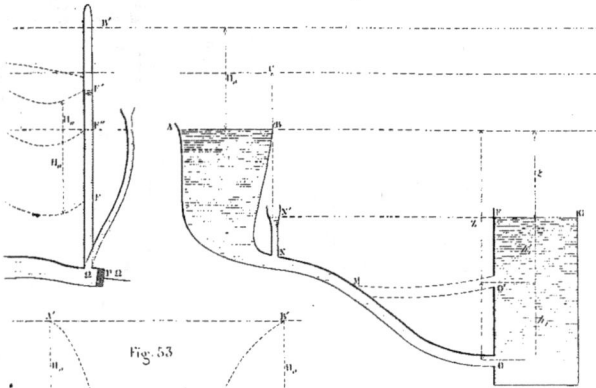

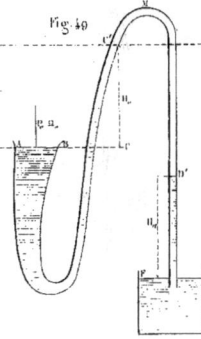

Fig. 53

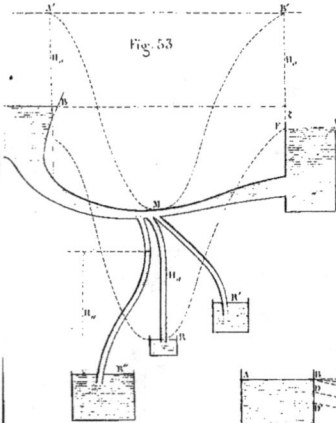

Fig. 54

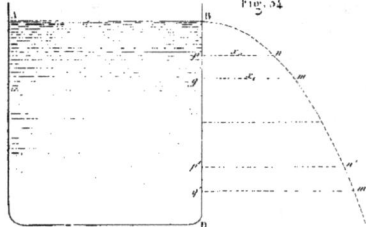

Fig. 60

Fig. 59

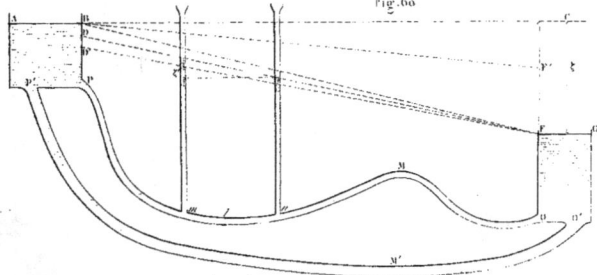

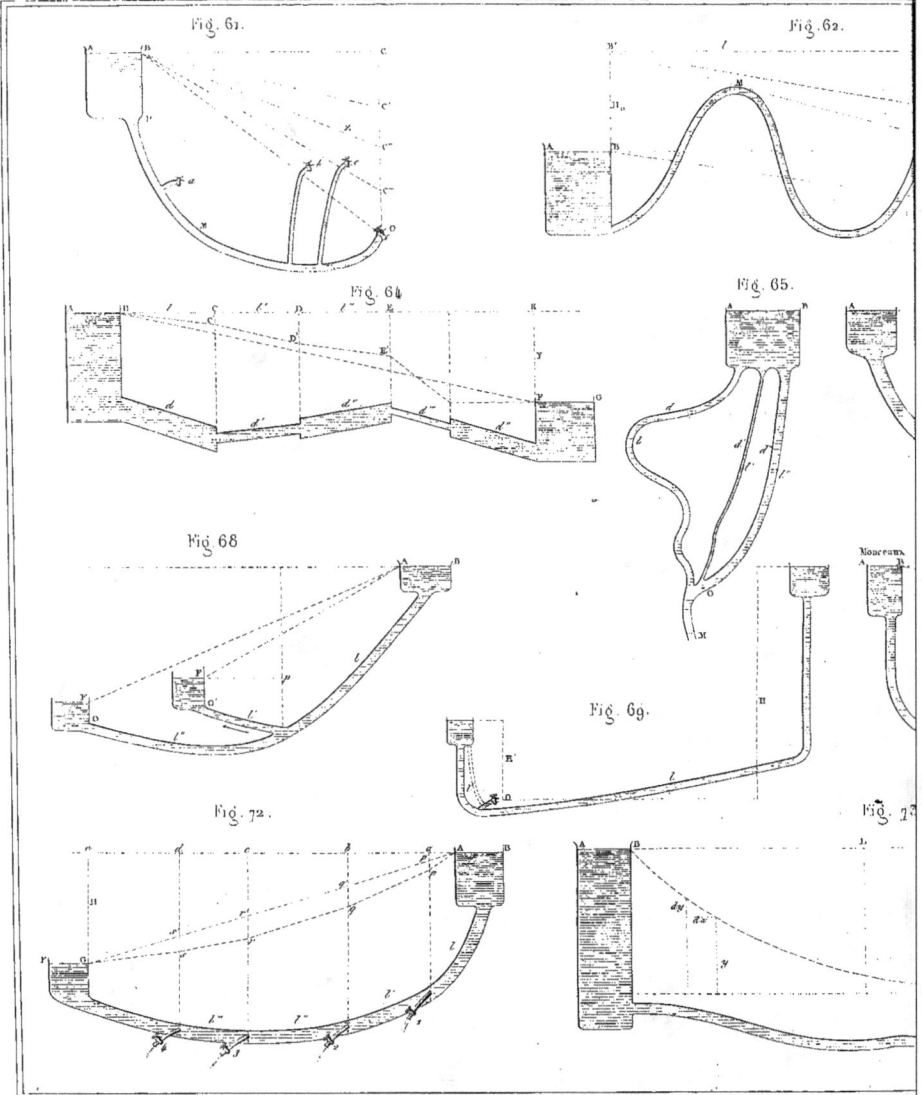

Fig. 61.

Fig. 62.

Fig. 64

Fig. 65.

Mouceaux

Fig. 68

Fig. 69.

Fig. 72.

Fig. 7

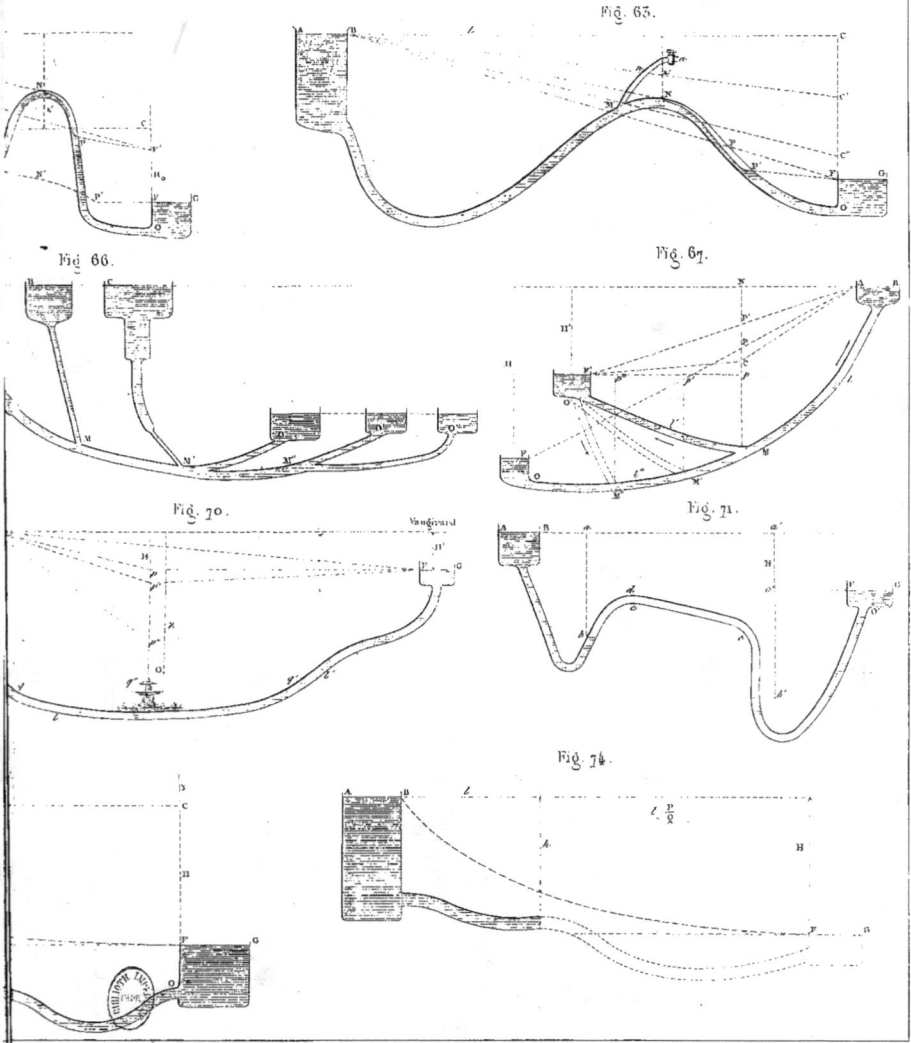

Pl. 6

Fig. 63.

Fig. 66.

Fig. 67.

Fig. 70.

Vaugirard

Fig. 71.

Fig. 74.

$$\ell \frac{P}{2}$$

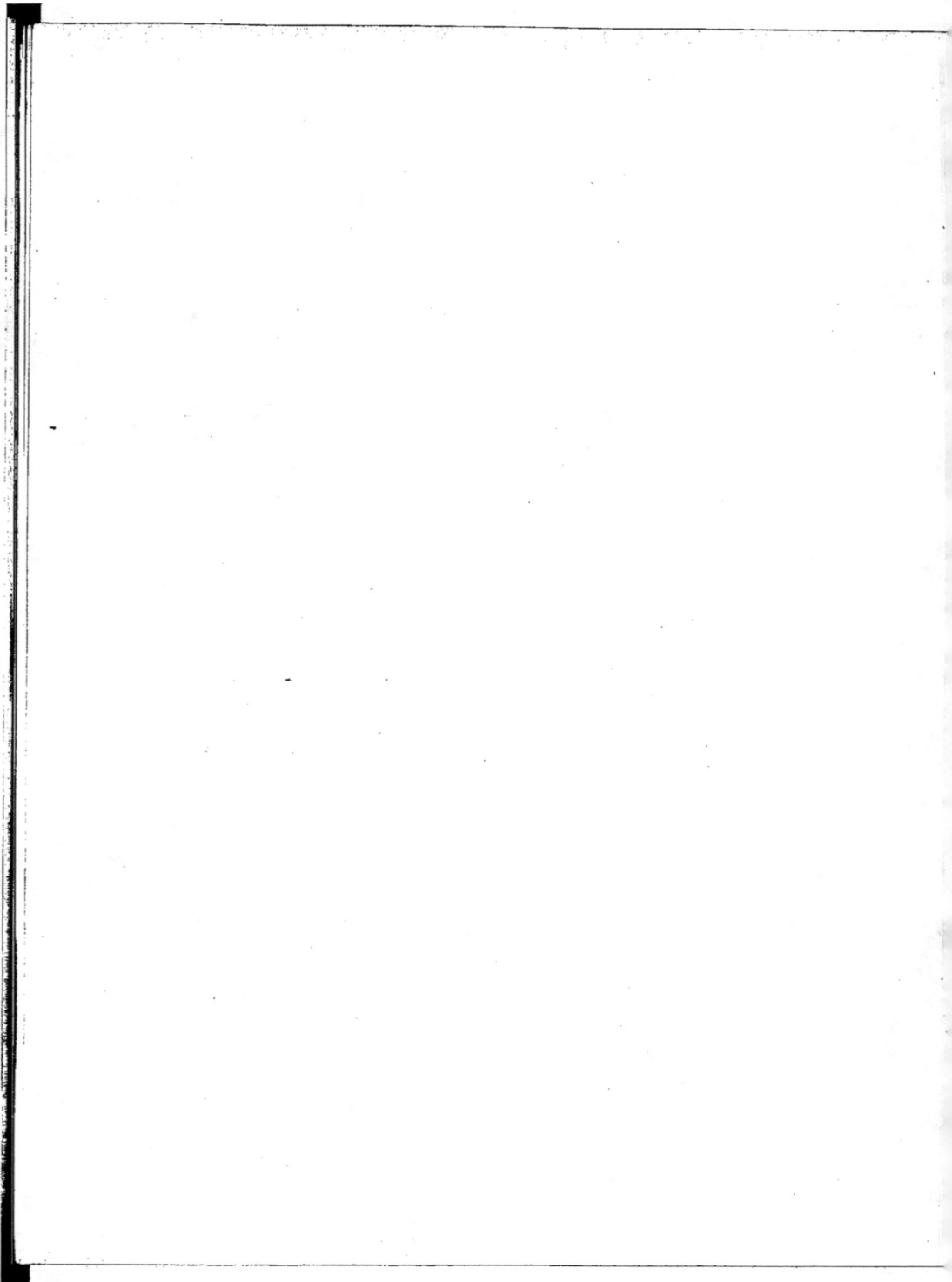

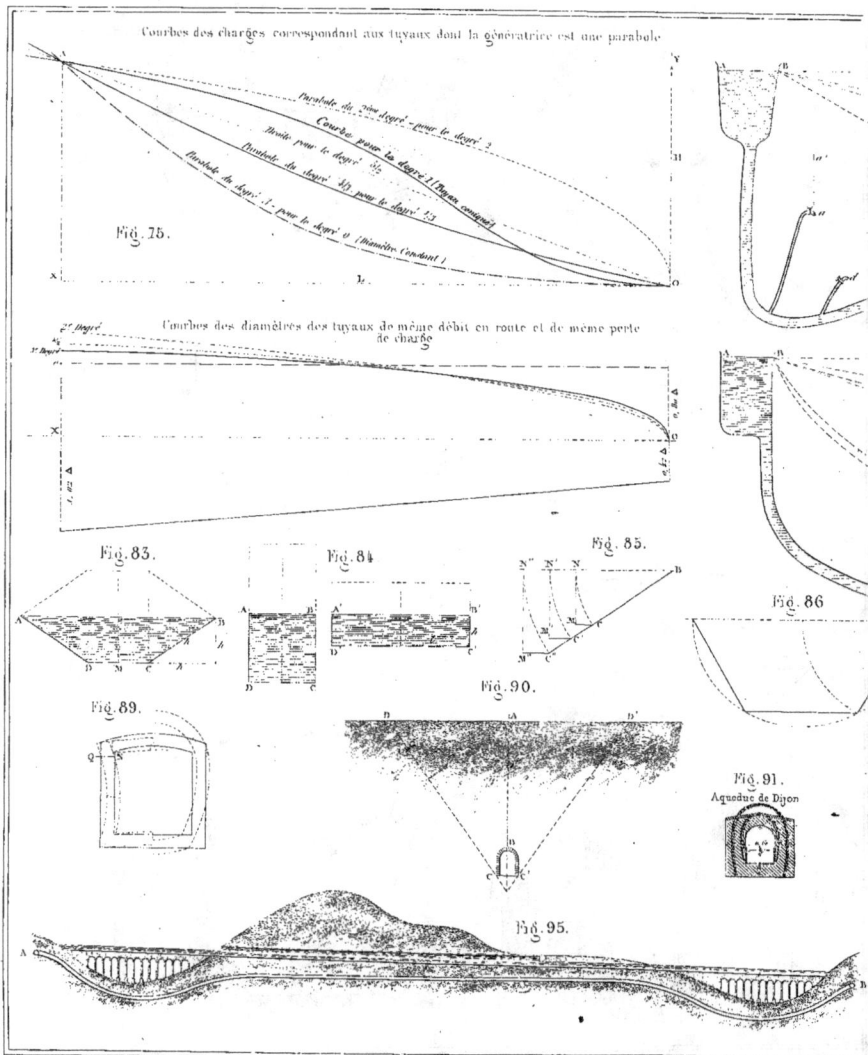

Courbes des charges correspondant aux tuyaux dont la génératrice est une parabole

Fig. 75.

Courbes des diamètres des tuyaux de même débit en route et de même perte de charge

Fig. 83.

Fig. 84.

Fig. 85.

Fig. 86.

Fig. 89.

Fig. 90.

Fig. 91.
Aqueduc de Dijon

Fig. 95.

Pl. 7.

Fig. 76.

Fig. 78.

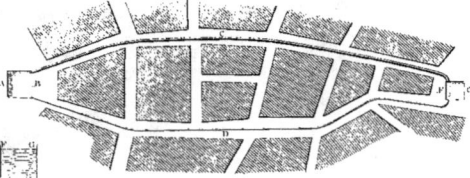

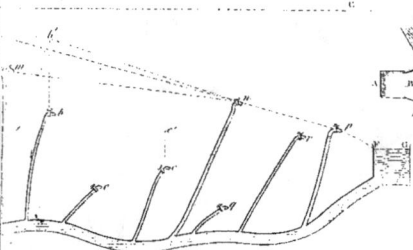

Fig. 79.

Fig. 80.

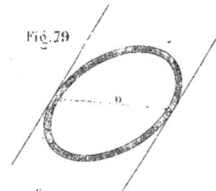

Fig. 77.

Fig. 81.

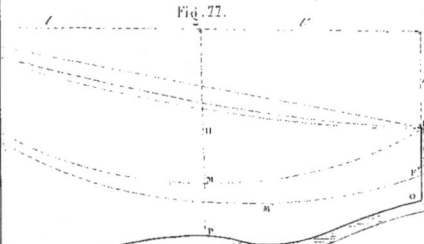

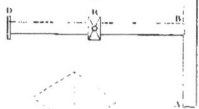

Fig. 87.

Fig. 88.

Fig. 82.

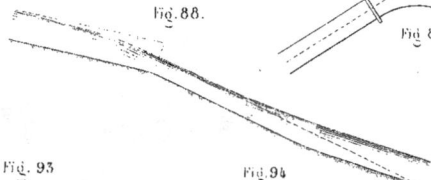

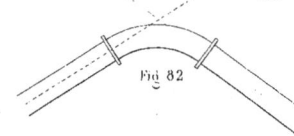

Fig. 92.

Aqueduc de Ceinture

Fig. 93.

Aqueduc St Laurent

Fig. 94.

Galerie St Laurent

Fig. 96.

Aqueduc d'Arcueil

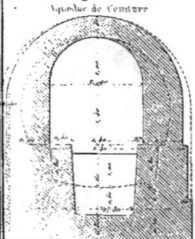

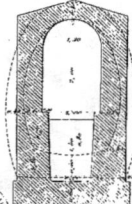

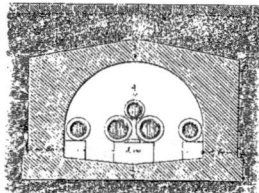

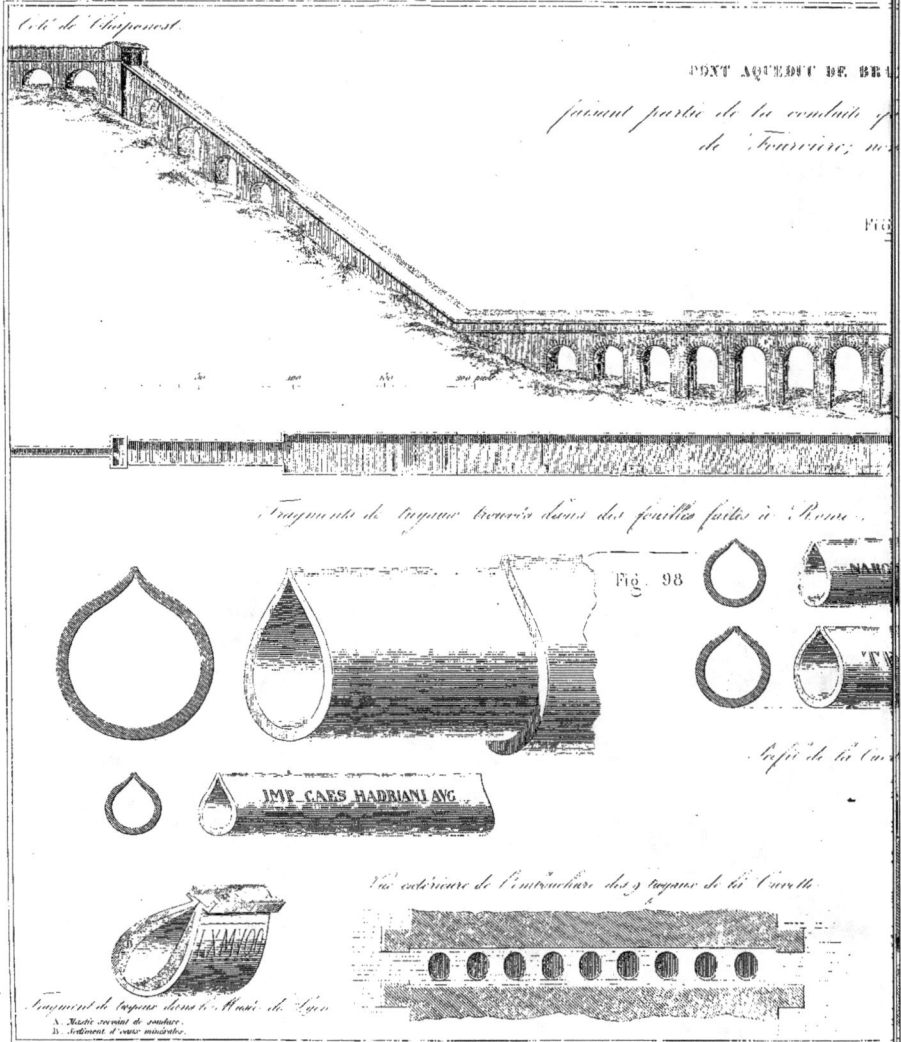

Côté de Chaponost.

PONT AQUEDUC DE BR...

faisant partie de la conduite ...
de Fourvière ...

Fragments de tuyaux trouvés dans des fouilles faites à Rome.

Fig. 98

IMP CAES HADRIANI AVG

Fragment de tuyau dans le Musée de Lyon.
A. Mastic servant de soudure.
B. Sédiment d'eaux minérales.

Vue extérieure de l'emmanchure des tuyaux de la Cuvette.

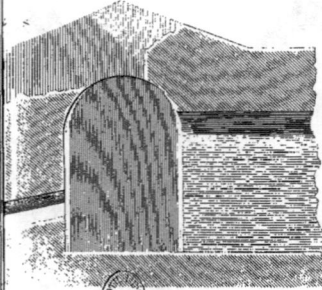

Pl. 8

Côté de Sourcieu

...VAIS, A 5 LIEUES DE LYON

...amenait les eaux sur la montagne

...me Aqueduc de Mila

97

5.e Cuvette qui existe encore
dans l'état marqué ci-dessous.

Plan de la Cuvette marquée 5
dans le Plan et Projet d'ensemble.

Poulou sc.

Conduite et Distribution des Eaux.

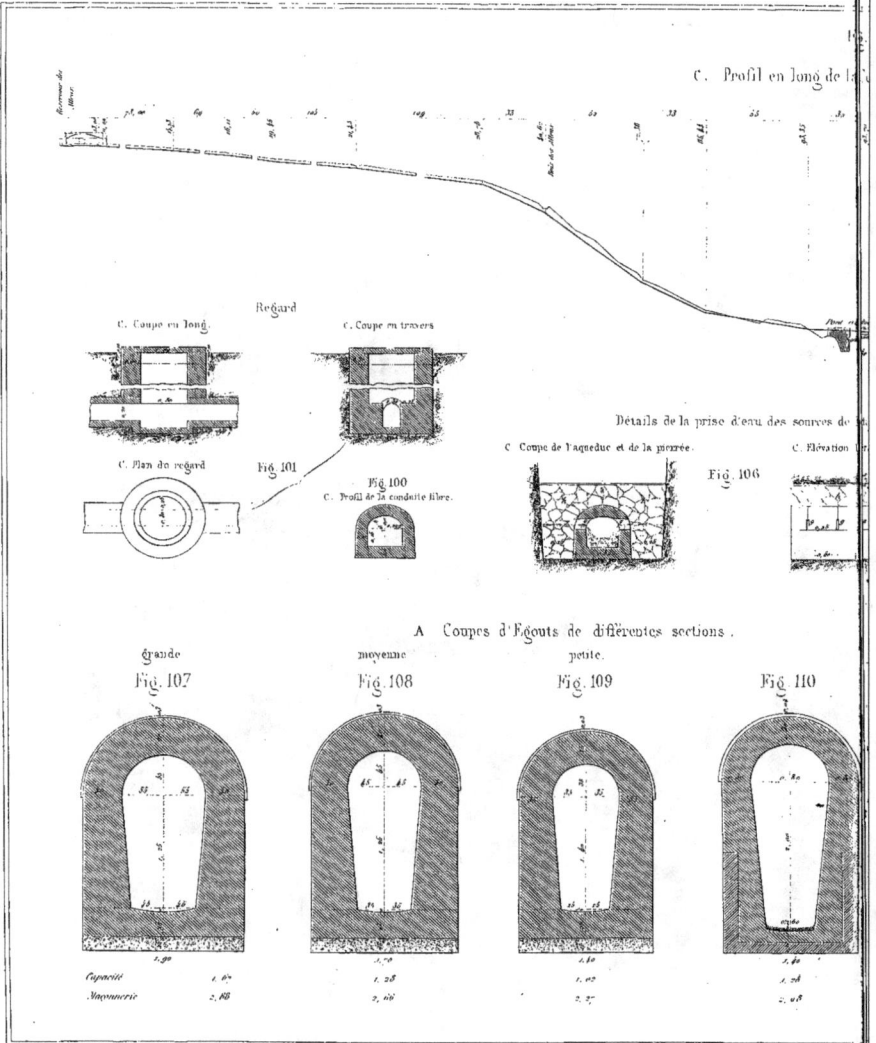

C. Profil en long de l

Regard

C. Coupe en long.　　　　C. Coupe en travers.

Détails de la prise d'eau des sources de

C. Coupe de l'aqueduc et de la pierrée.　　C. Élévation

C. Plan du regard　　Fig. 101　　　　　　　　　　　　　Fig. 106

Fig. 100
C. Profil de la conduite libre.

A　Coupes d'Égouts de différentes sections.

grande　　　　　moyenne　　　　petite.
Fig. 107　　　　Fig. 108　　　　Fig. 109　　　　Fig. 110

| Capacité | 1.90 | 1.87 | 1.28 | 1.02 | 1.24 |
| Maçonnerie | 2.88 | 2.60 | 2.7 | 2.08 |

Pl. 9

99

Conduite forcée d'Avallon.

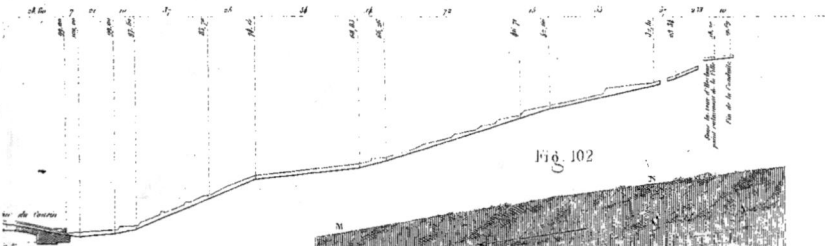

Fig. 102

Étang Minard

C Coupe en longueur

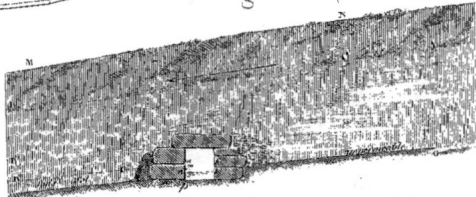

Fig. 103

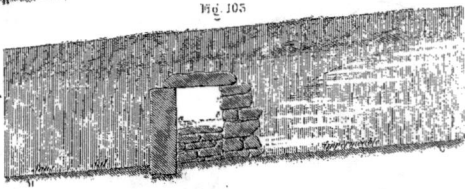

Fig. 104

Fig. III

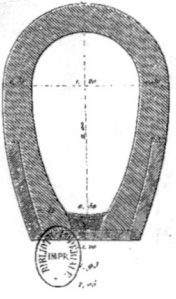

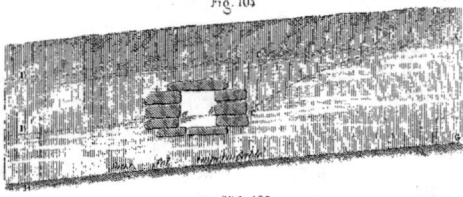

Fig. 105

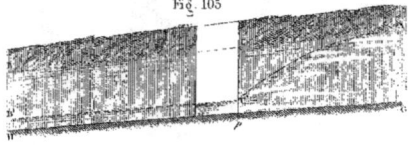

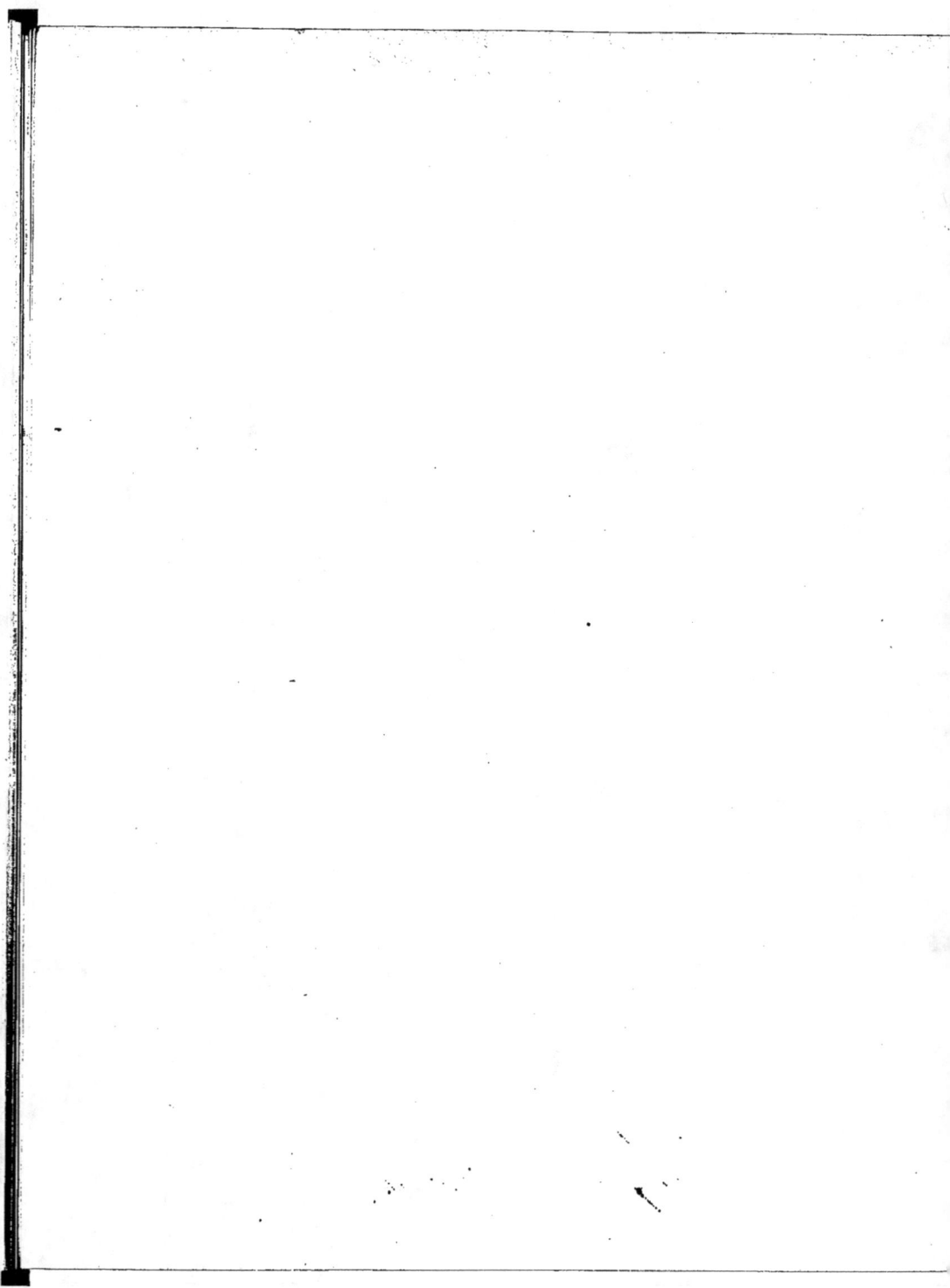

Fig. 112
Rue St Martin

Fig. 113
Rue des Écoles (projet)

Fig. 114
Rue du Fg St Antoine

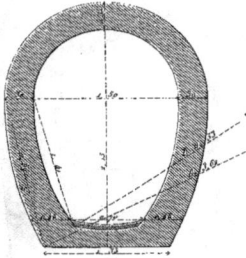

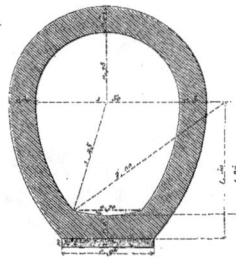

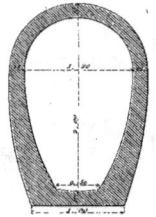

Fig. 118.
Boulevart de Strasbourg.

Fig. 119.
Rue des Écôle

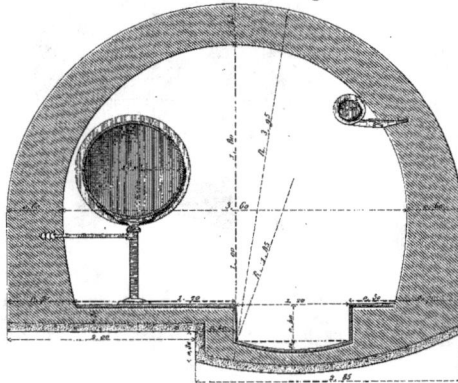

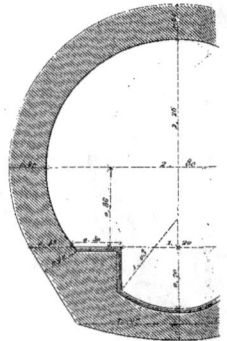

Londres.

Londres.

Fig. 120
Londres.

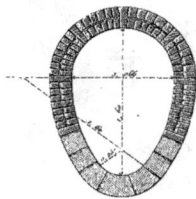

Fig. 120

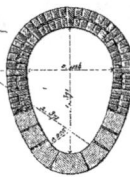

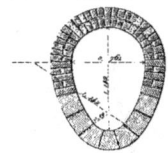

Fig. 117.
Rue de Rivoli.

Fig. 115
Place Vendôme

Fig. 116.
Boulevart Piepus

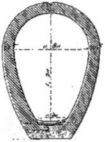

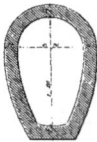

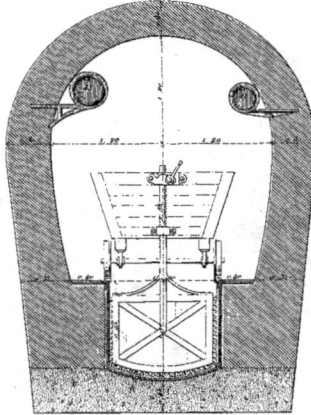

Fig. 120.
Londres.

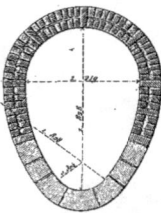

Fig. 117 bis
Quai de la Conférence (projet)

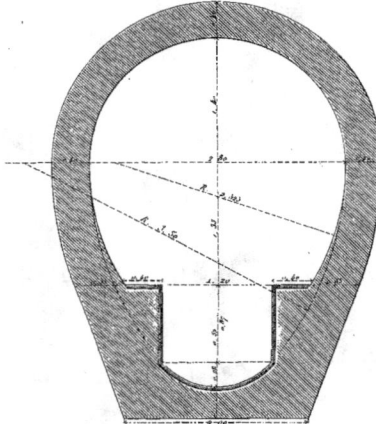

Londres

Fig. 120.

Londres.

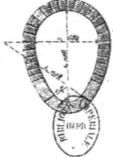

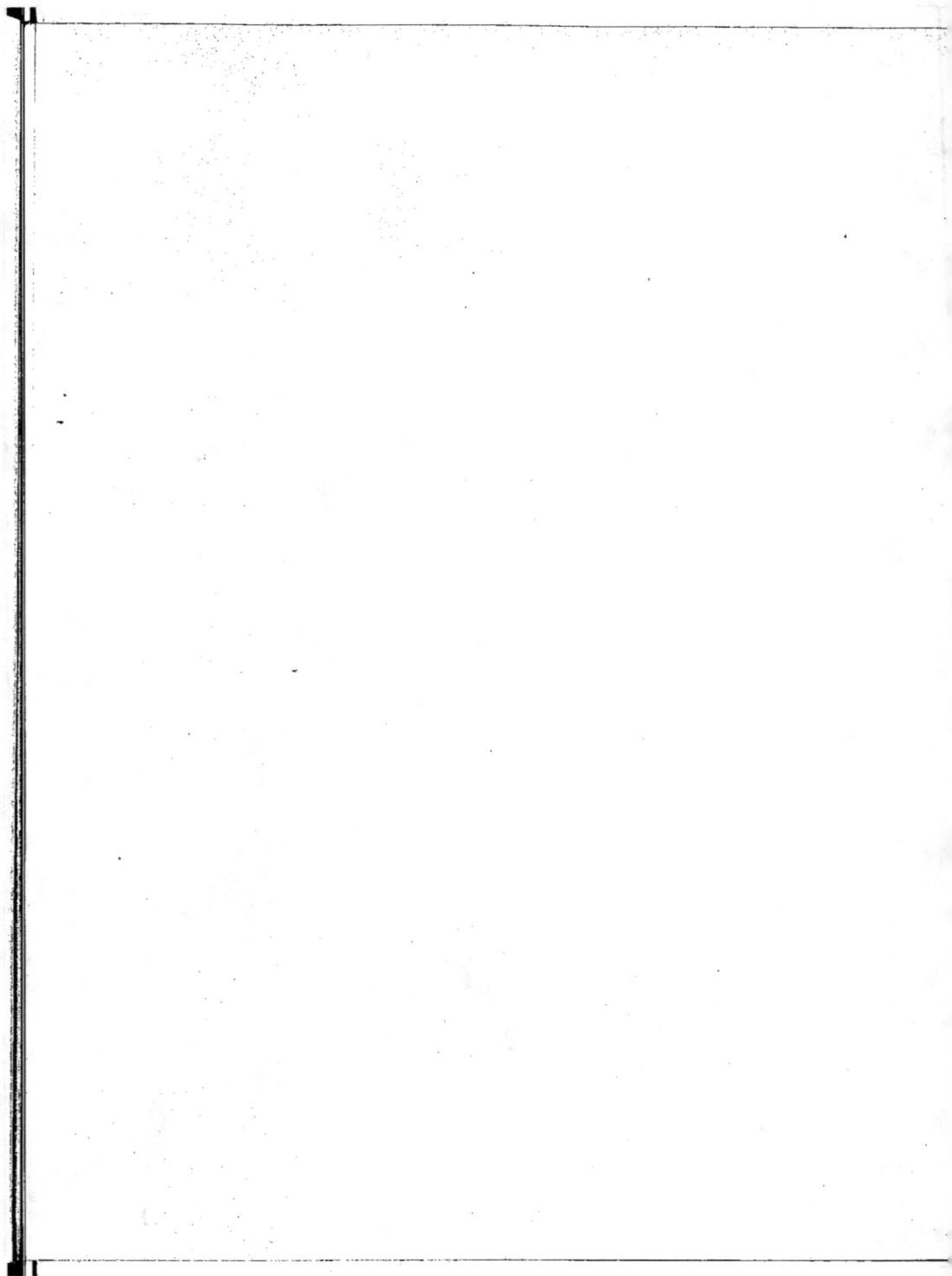

Fig. 122   Coupe longitudinale sur a b.   Fig. 123

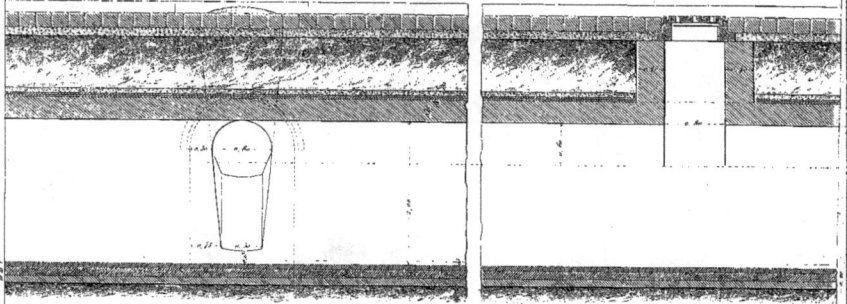

122 (bis)   Plan et Coupe horizontale a la naissance de la Voute   123 (ter)

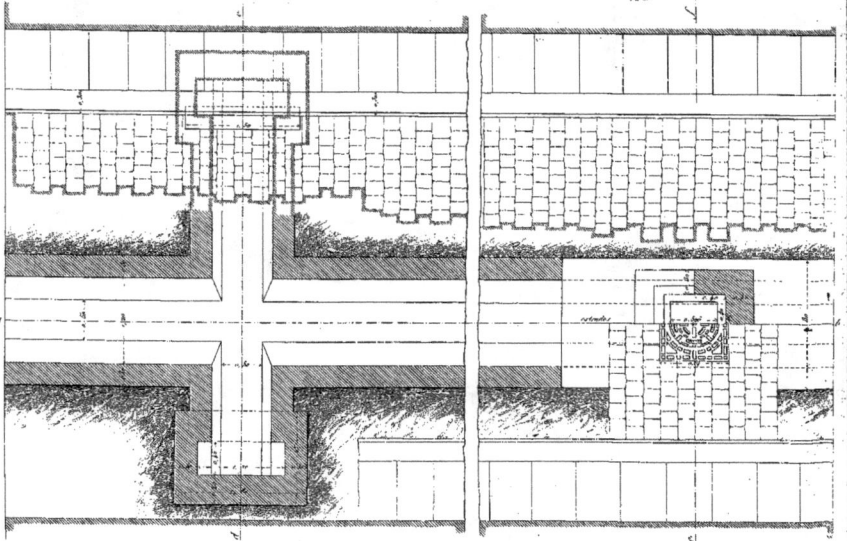

Échelles (pour les égouts
        (pour les compens

Cheminée de Regard
Coupe sur e.f.
Fig. 123 (bis)

Branchement de Bouche
Coupe sur c.d.
122 (ter)

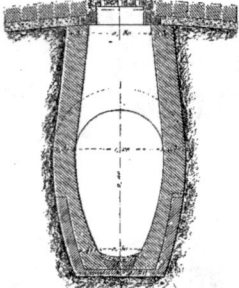

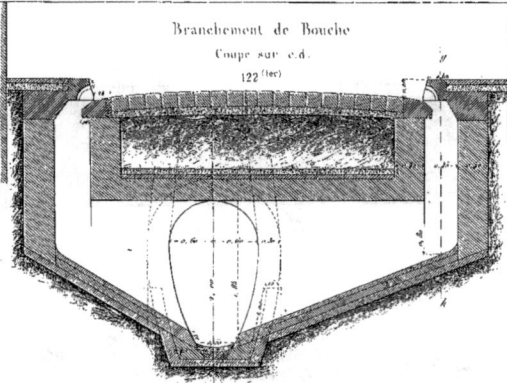

Parésillonnement de la fouille

Face de la Bouche.　　122. (quater)

Cheminée de Bouche.
Coupe sur g.h.

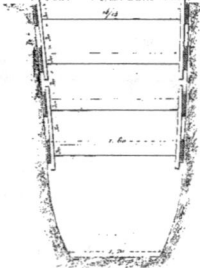

Fig. 121

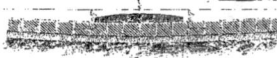

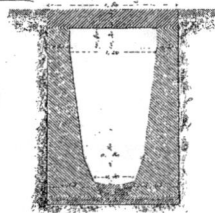

Fig. 123

Coupe du tampon et Chassis pour trottoir

Coupe du tampon et Chassis pour Chaussée
Fig. 124

Plan

Plan

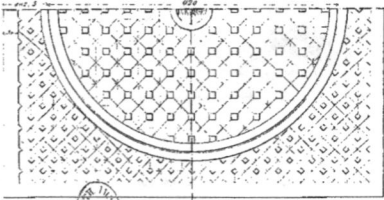

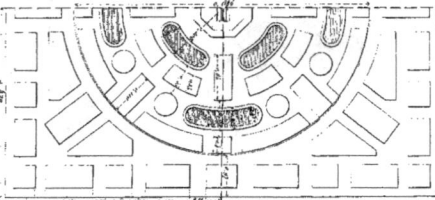

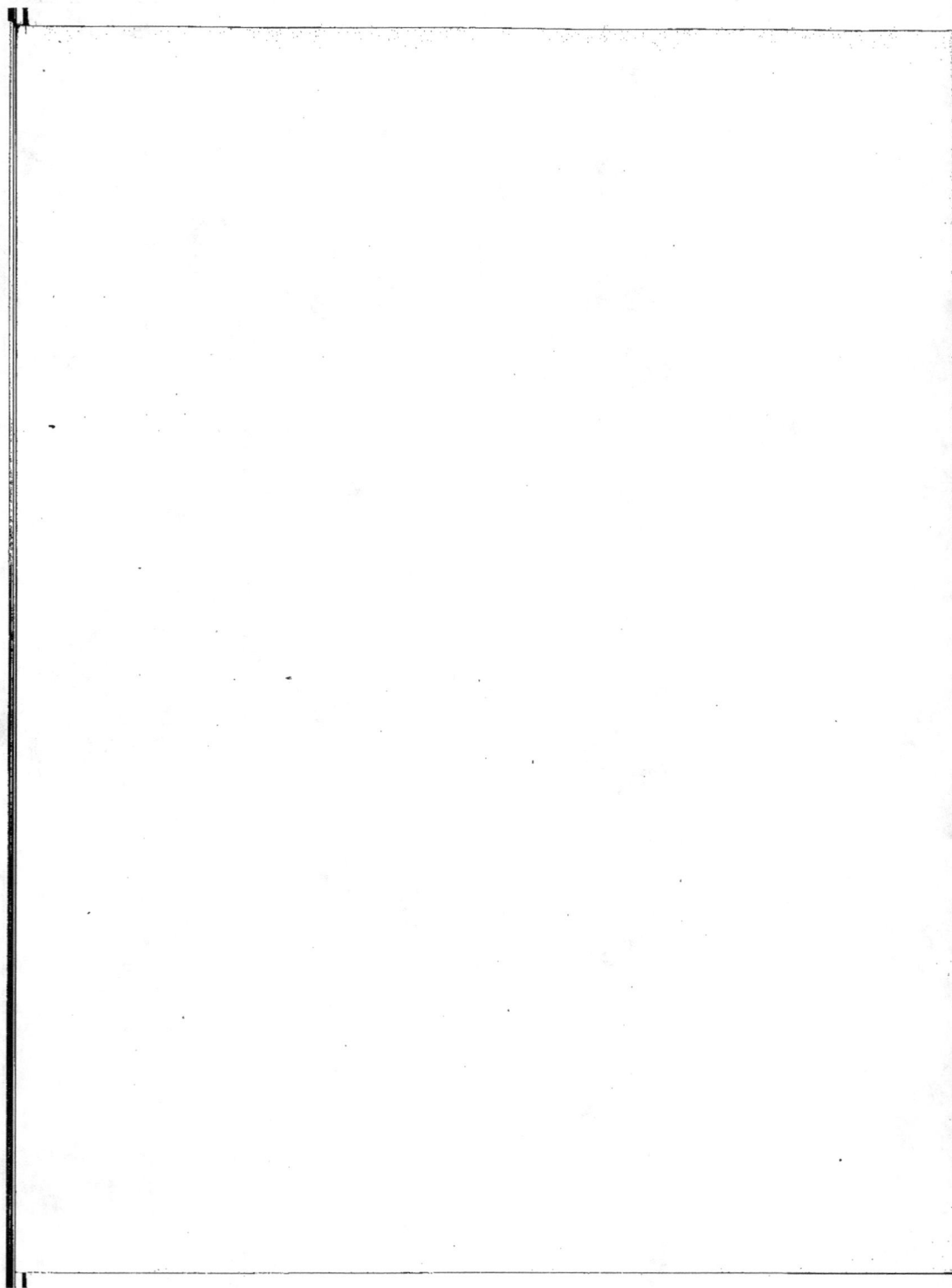

Profil du Pont Aqueduc d'Arcueil.

Fig. 126

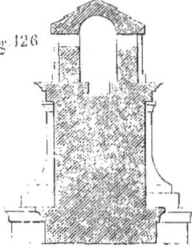

Profil en travers du Canal de t

Fig. 127

Profil de la partie recouverte par des Dalles.

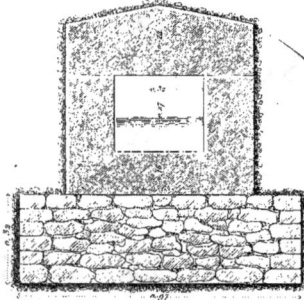

Profil de l'Aqueduc
de Montpellier.

Profil de la partie Voutée.

Fig. 128

Fig. 129

Profil longitudinal.

Echelle de

Echelle de

Dessiné par Gérard.

Pl. 12

Profil
sur une plus grande Echelle.

Fig. 132

Uzeg.

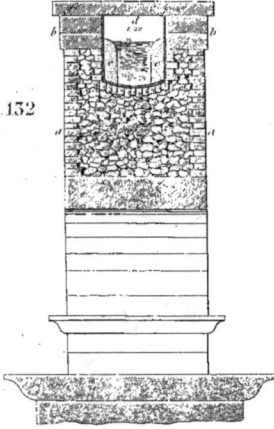

Fig. 131

Profil
du Pont du Gard.

Fig. 130

*Profil de l'Aqueduc Romain
d'Uzès à Nismes.*

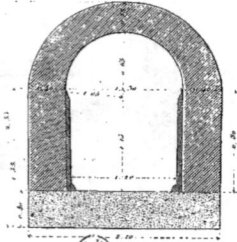

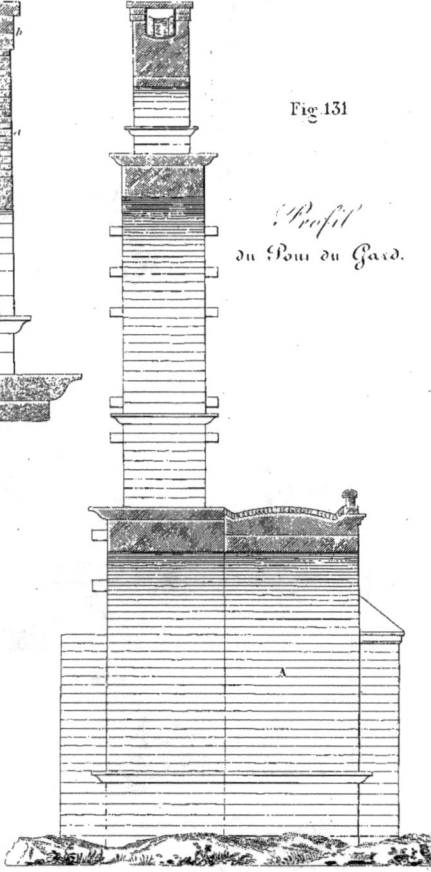

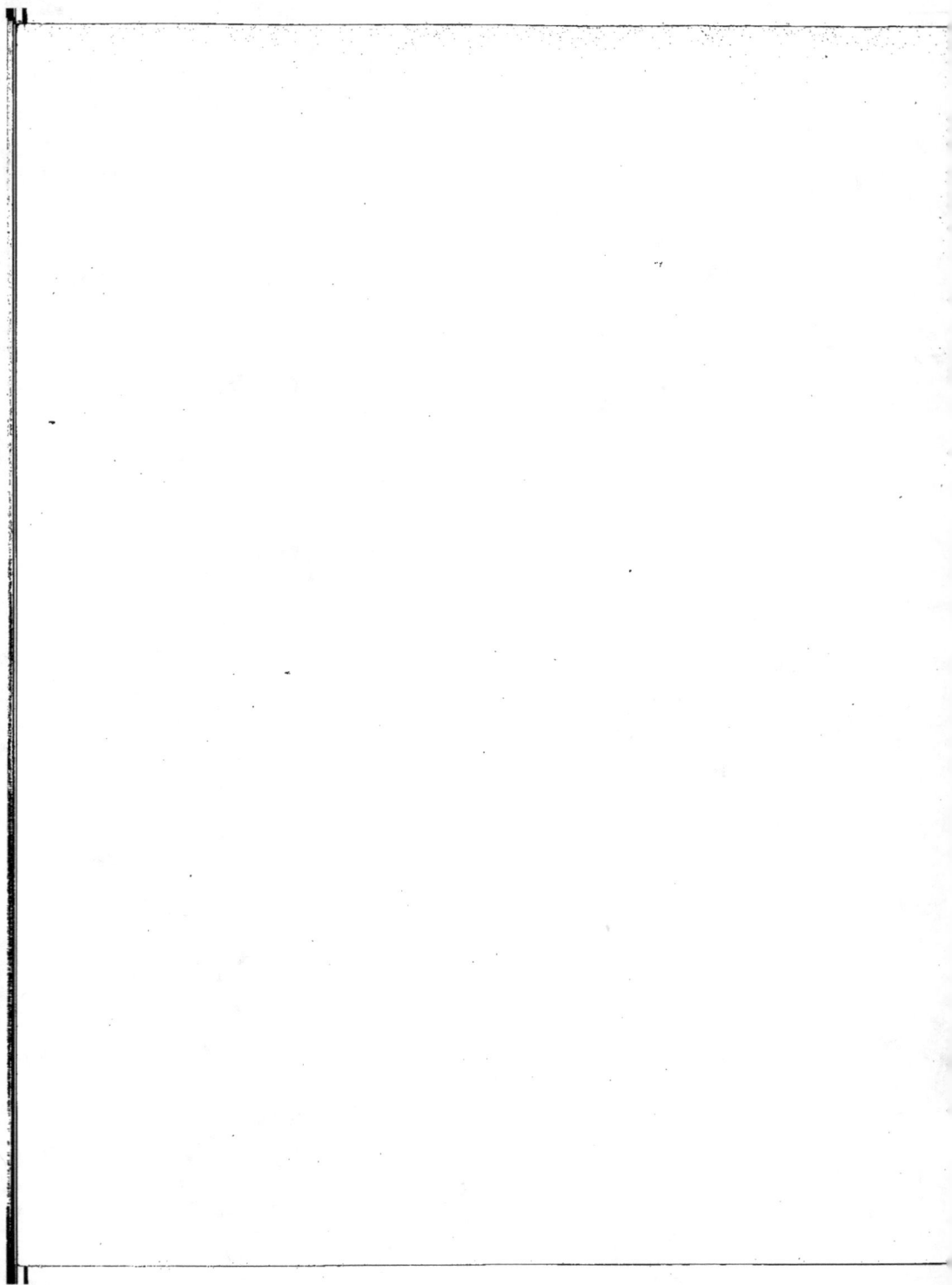

Conduite et Distribution des Eaux.

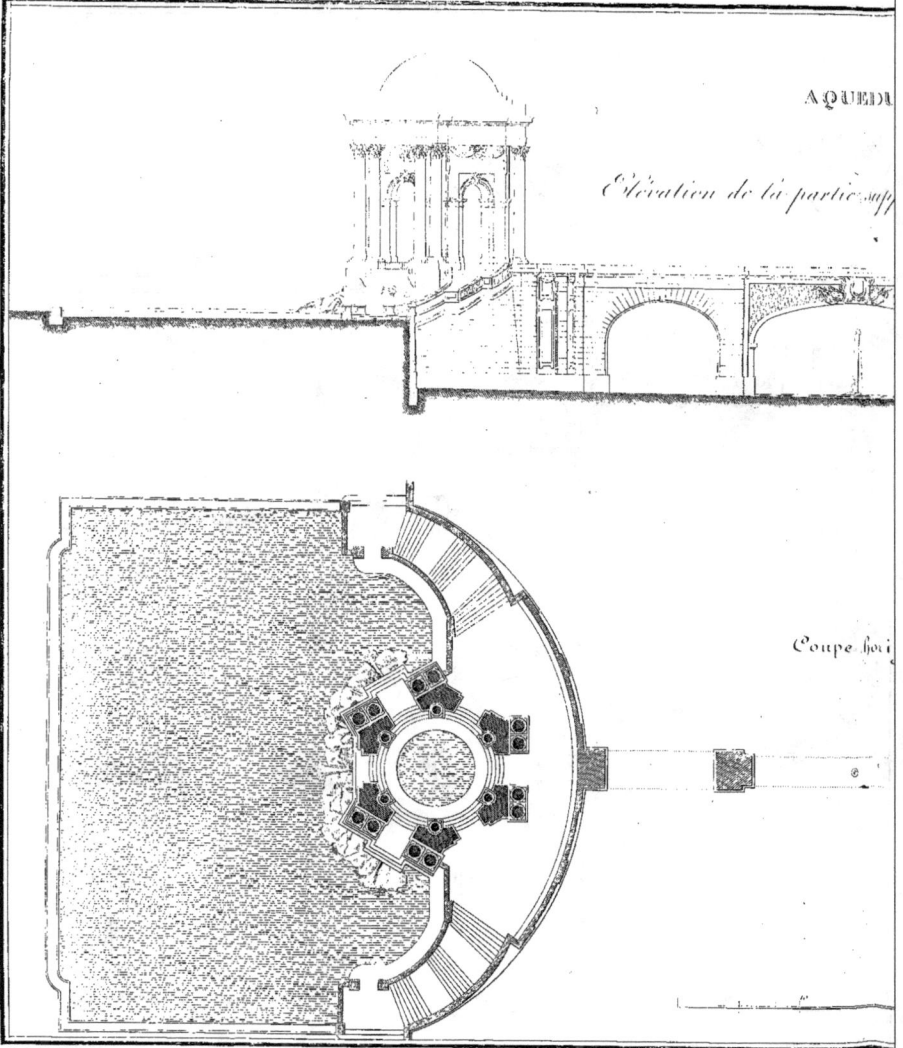

AQUEDU

Élévation de la partie sup

Coupe hori

Dessiné par Génique.

Pl. 13

UC DE MONTPELLIER,

Fig. 132

pportée par des Arcades du côté du Peyrou.

Profil.

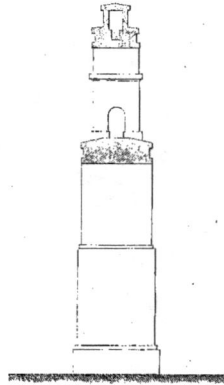

izontale.

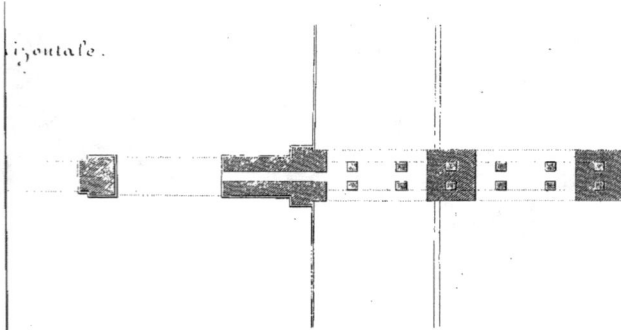

PONT À SYPH

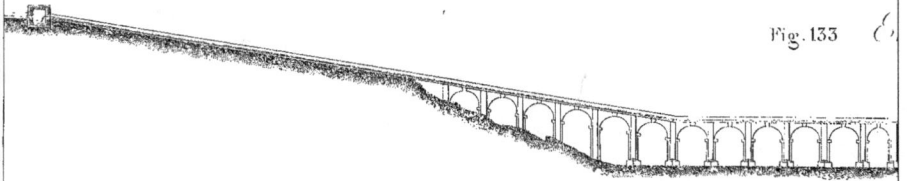

Fig. 133

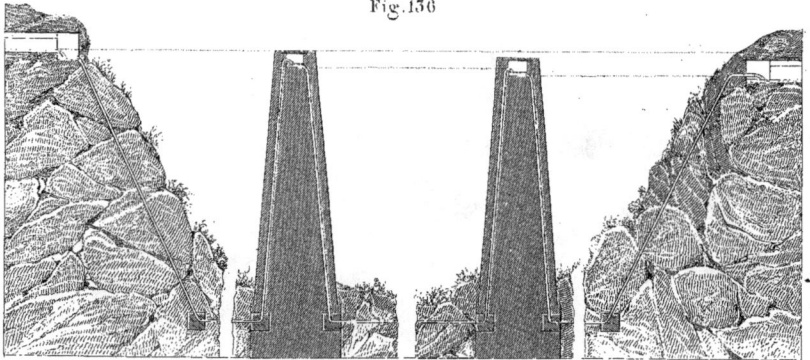

Fig. 136

Échelle de

Pl. 14

ON DE GÊNES.

Élévation.

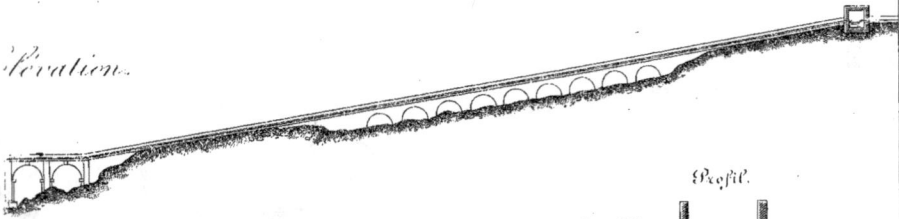

Profil.

Fig. 134

Fig. 137

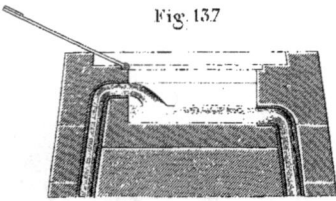

Plan d'une Pile.

Fig. 138

Fig. 135

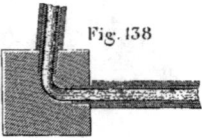

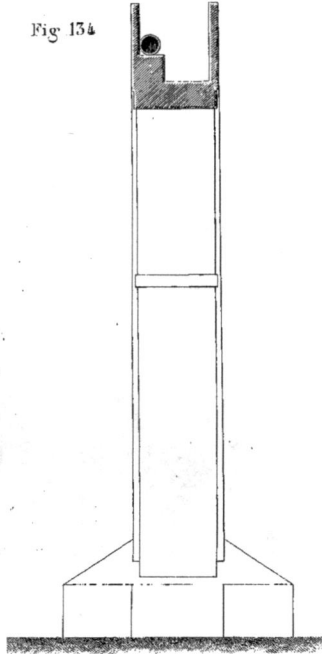

la Fig. 1.

1 Mètre.

Dessiné par Adam.

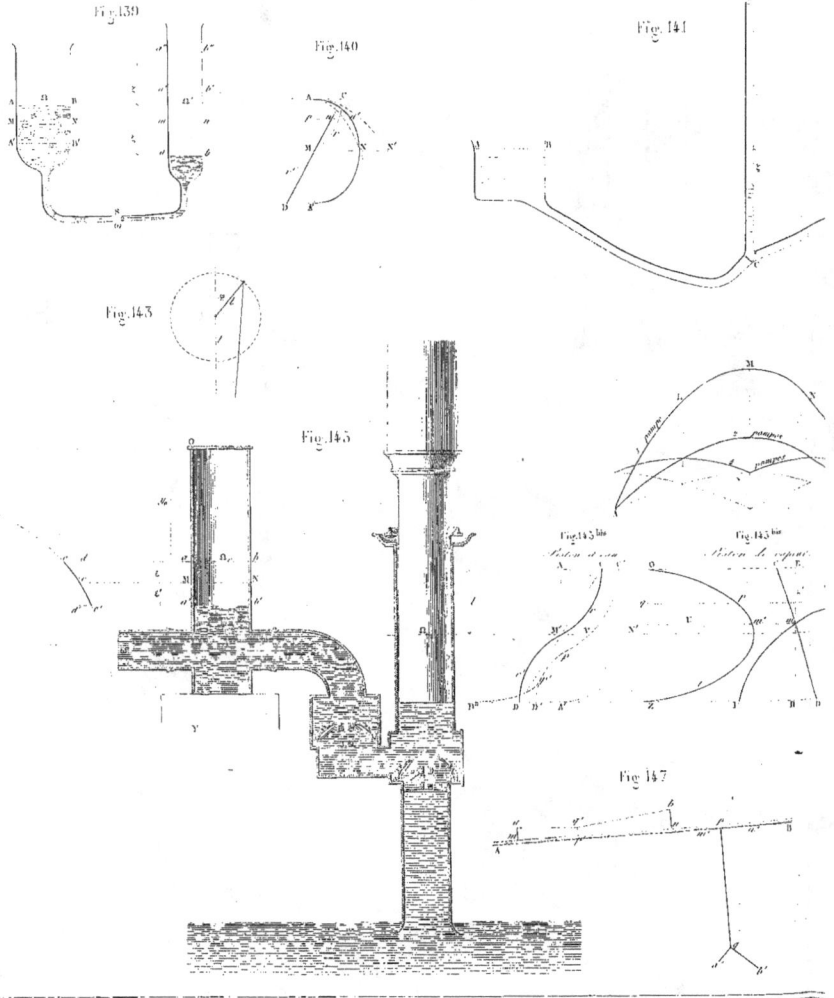

Fig. 139

Fig. 140

Fig. 141

Fig. 143

Fig. 145

Fig. 147

Fig. 142

Fig. 149

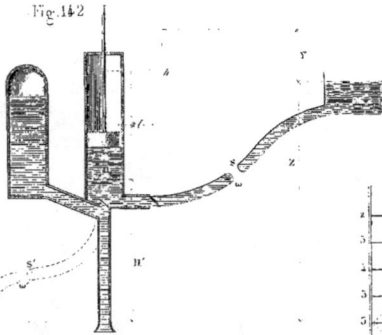

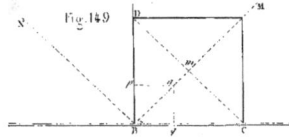

Fig. 150

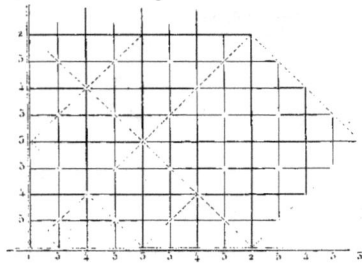

Fig. 144

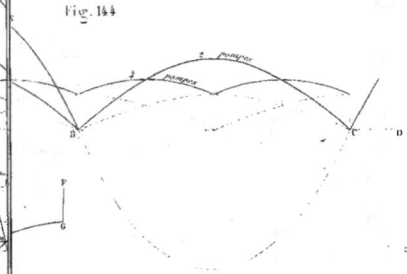

Fig. 151

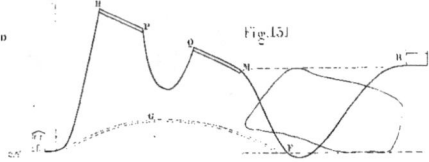

Fig. 152

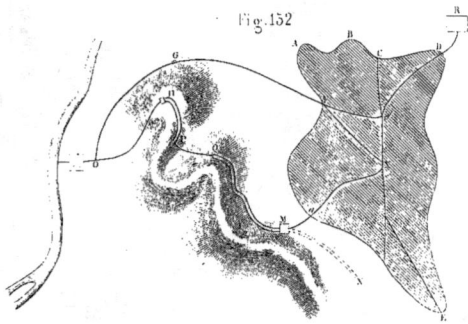

Fig. 148

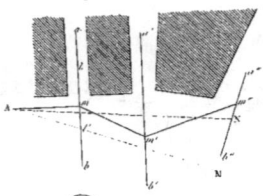

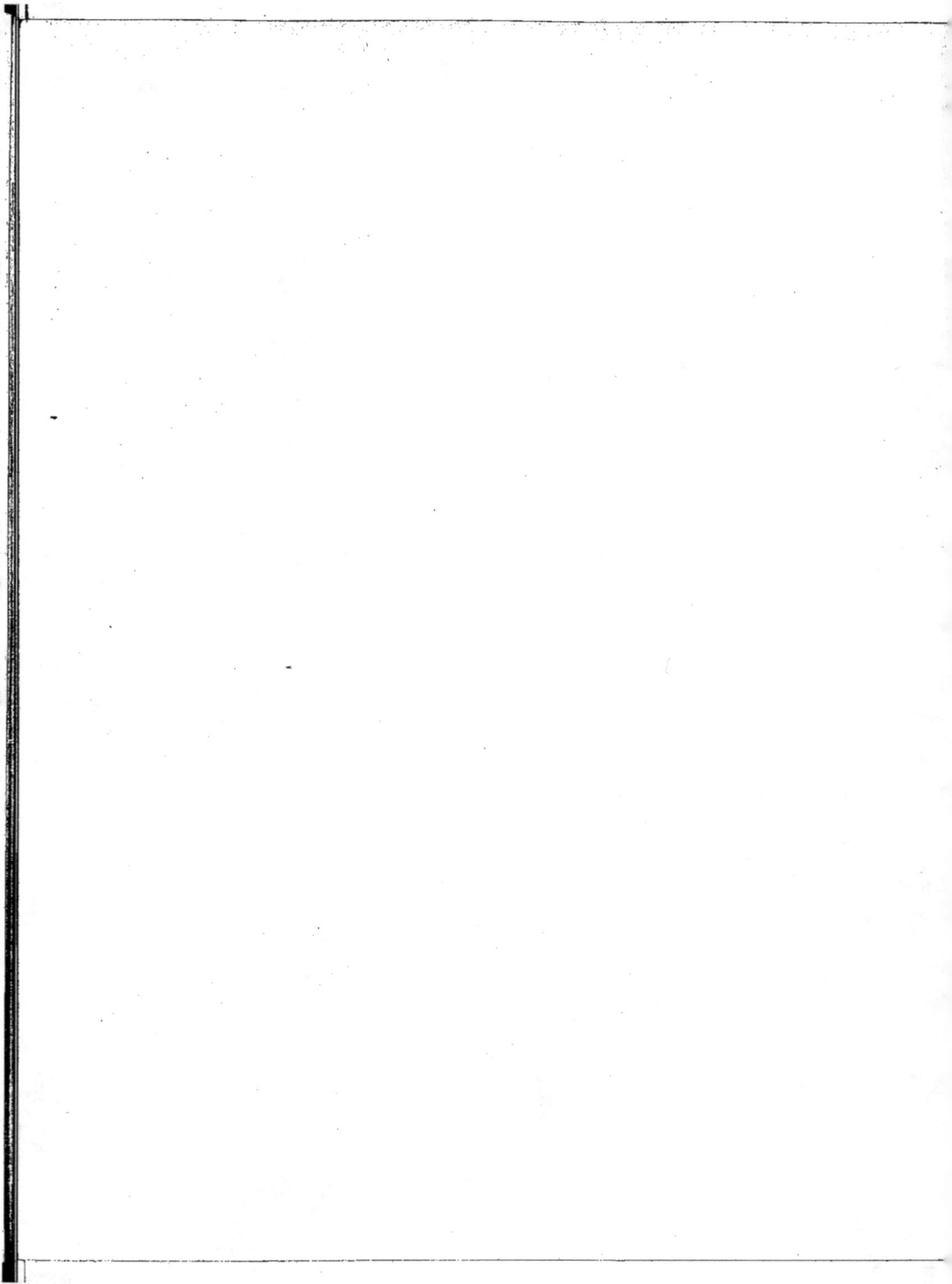

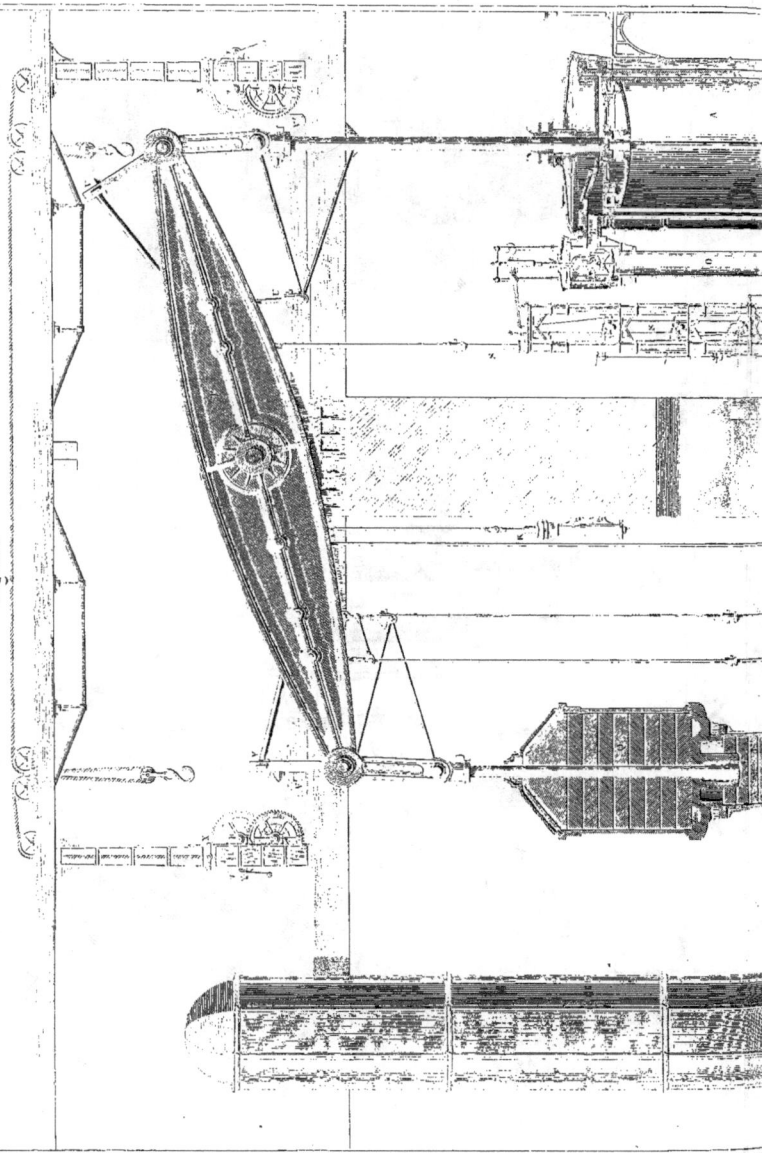

MACHINE A VAPEUR SYSTÈME CORNWALL.

FONCTIONNANT DANS L'ÉTABLISSEMENT DE CHAILLOT.

Planche 16

Conduite et Distribution des Eaux.

Coupe de la Machine par des Plans parallèles au Balancier.

Fig. 146

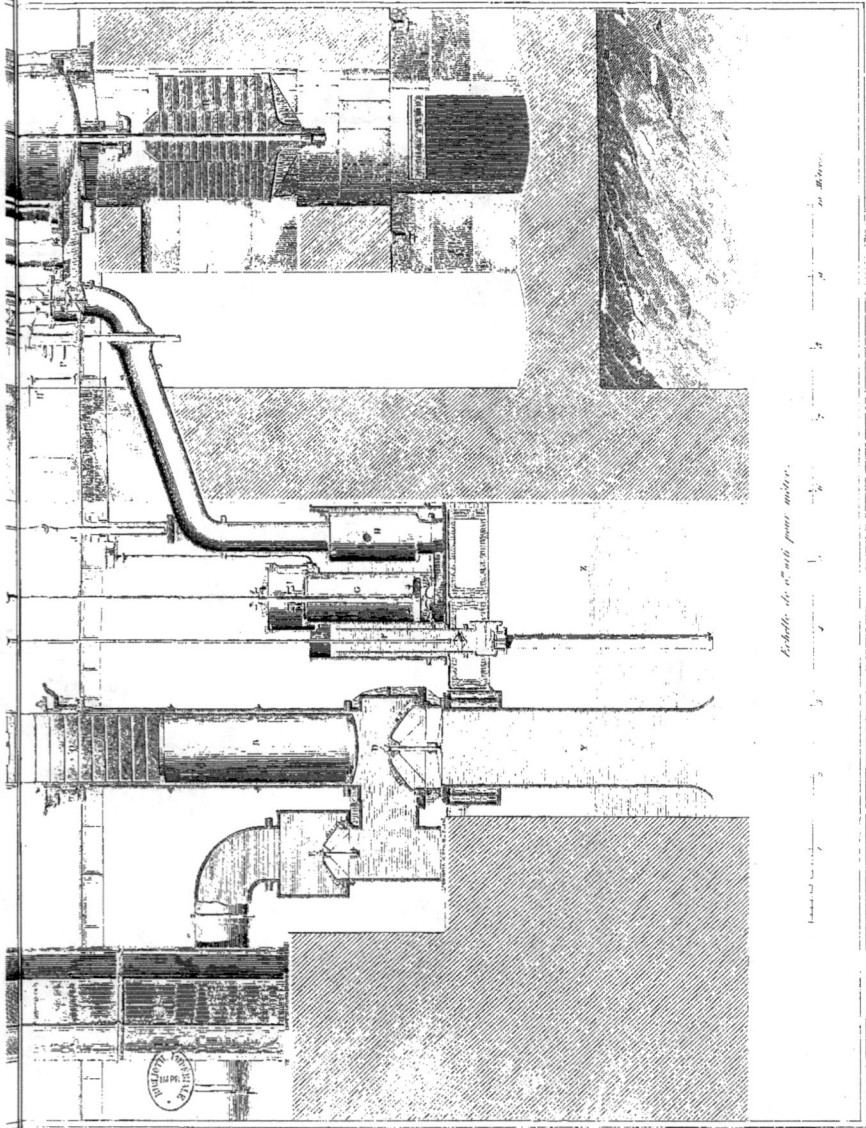

Échelle de 0,01 par mètre.

Planche 9.

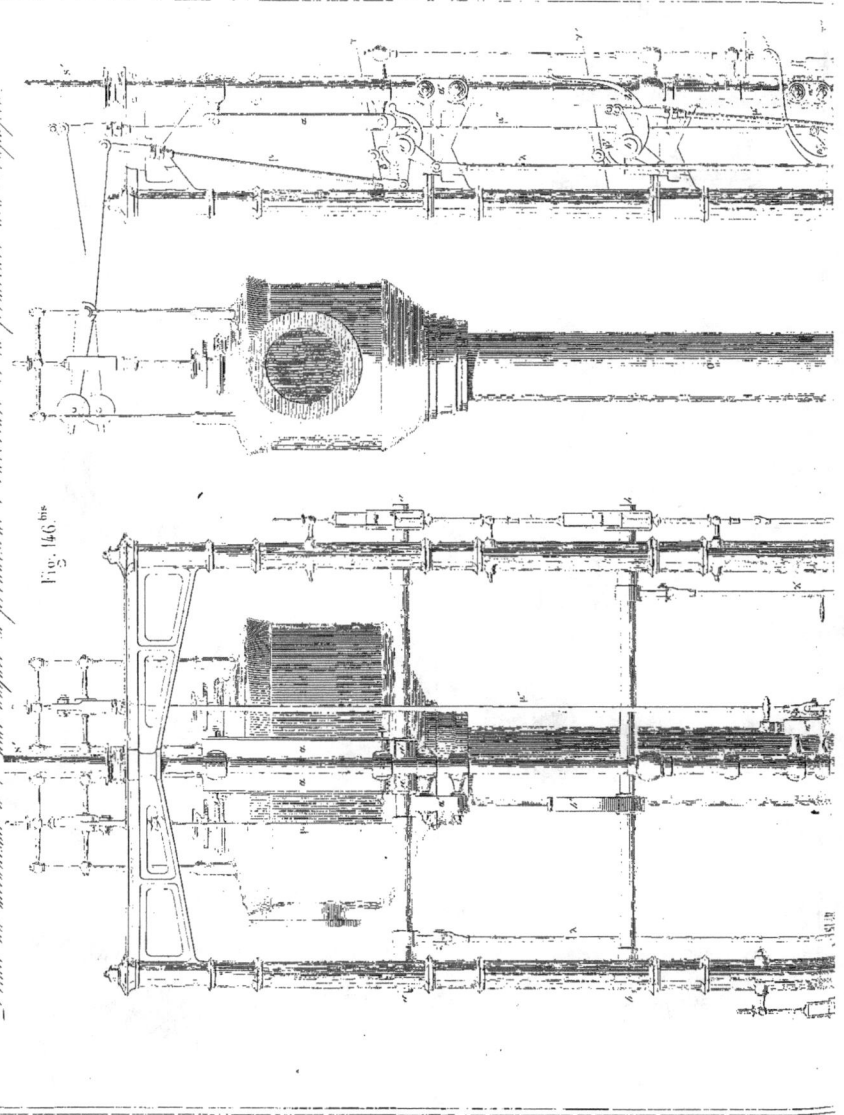

MACHINE A VAPEUR SYSTÈME CORNWALL

FONCTIONNANT DANS L'ÉTABLISSEMENT DE CHAILLOT

Planche 1.

Conduite et Distribution des Eaux.

Fig. 146 bis

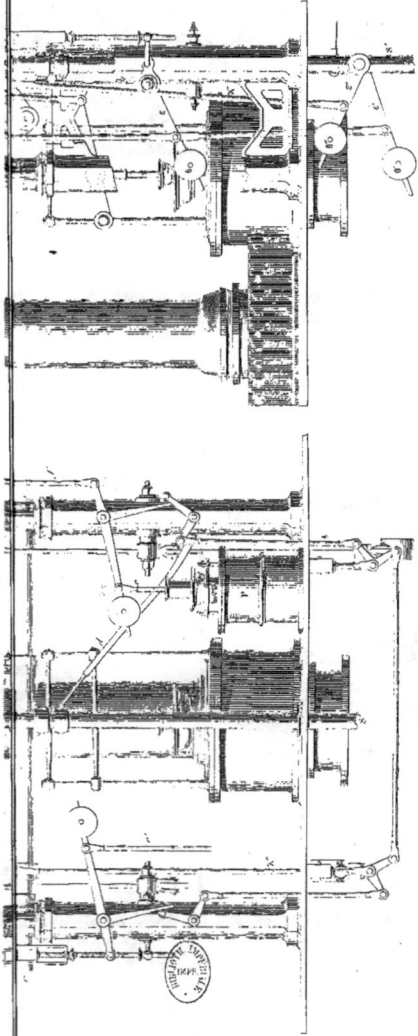

CATARACTE.

Coupe sur A B.

Fig. 146 ter

SOUPAPE.

Fig. 146 quat

Plan.

P' P'

Plan.

M — N

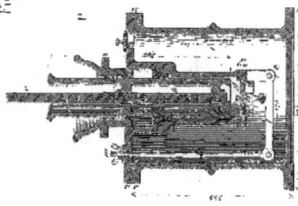

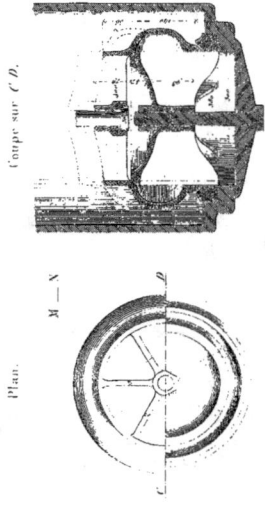

Coupe sur C D.

Échelle de { m² pour le détail du mécanisme.
m² pour la Cataracte et la Soupape.

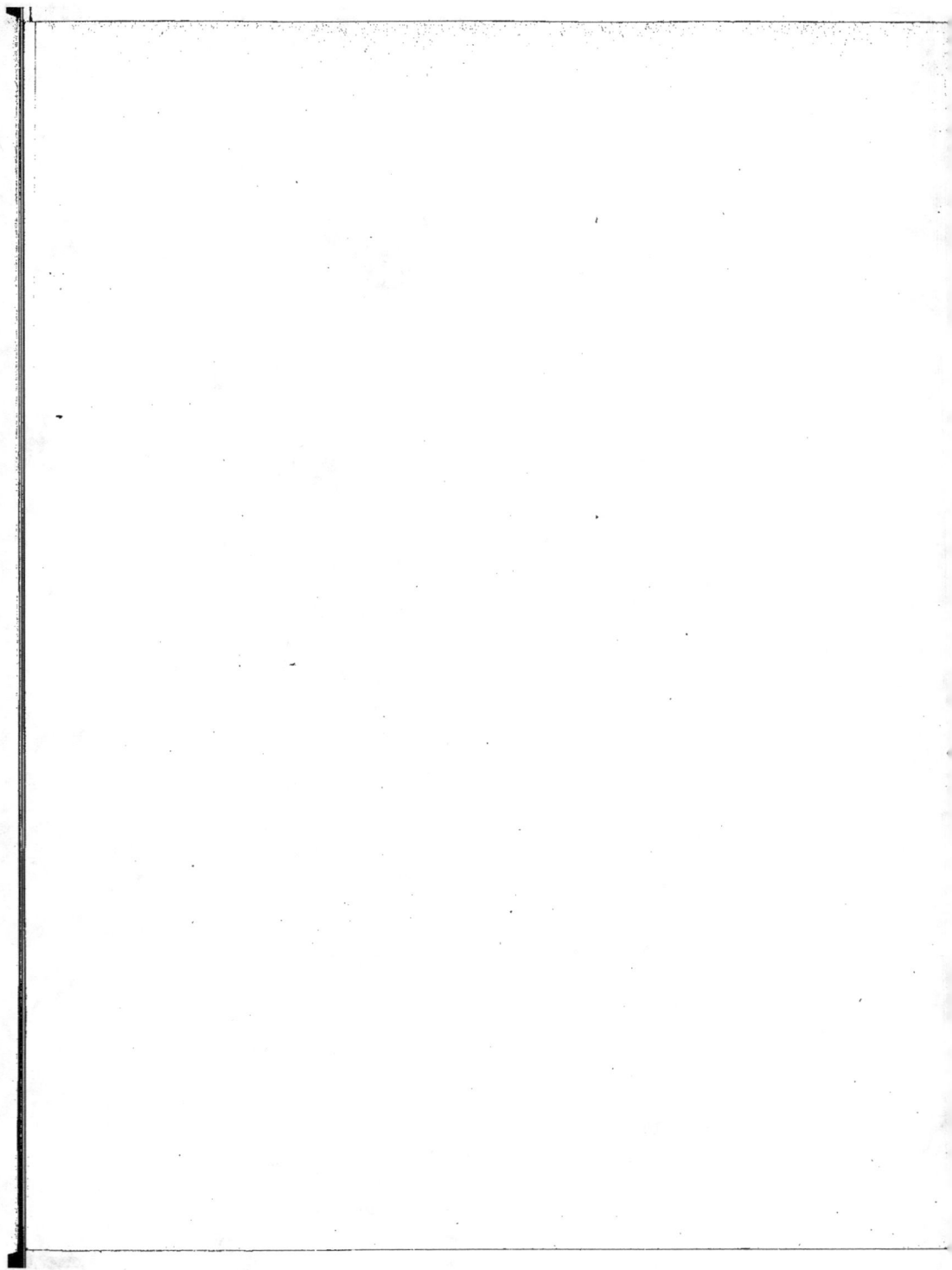

PLAN DE PARIS

et de ses Environs

avec le Tracé général

d'une Distribution des Eaux de l'Ourcq.

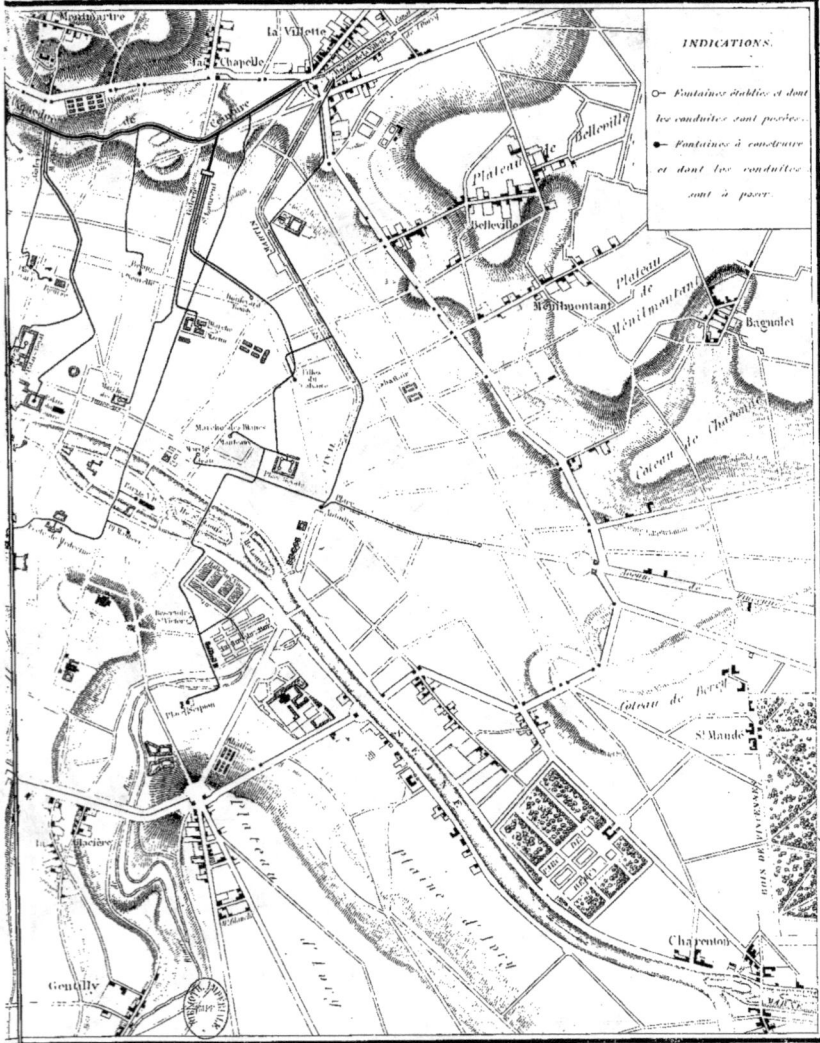

INDICATIONS.

Fontaines établies et dont
les conduites sont posées.

Fontaines à construire
et dont les conduites
sont à poser.

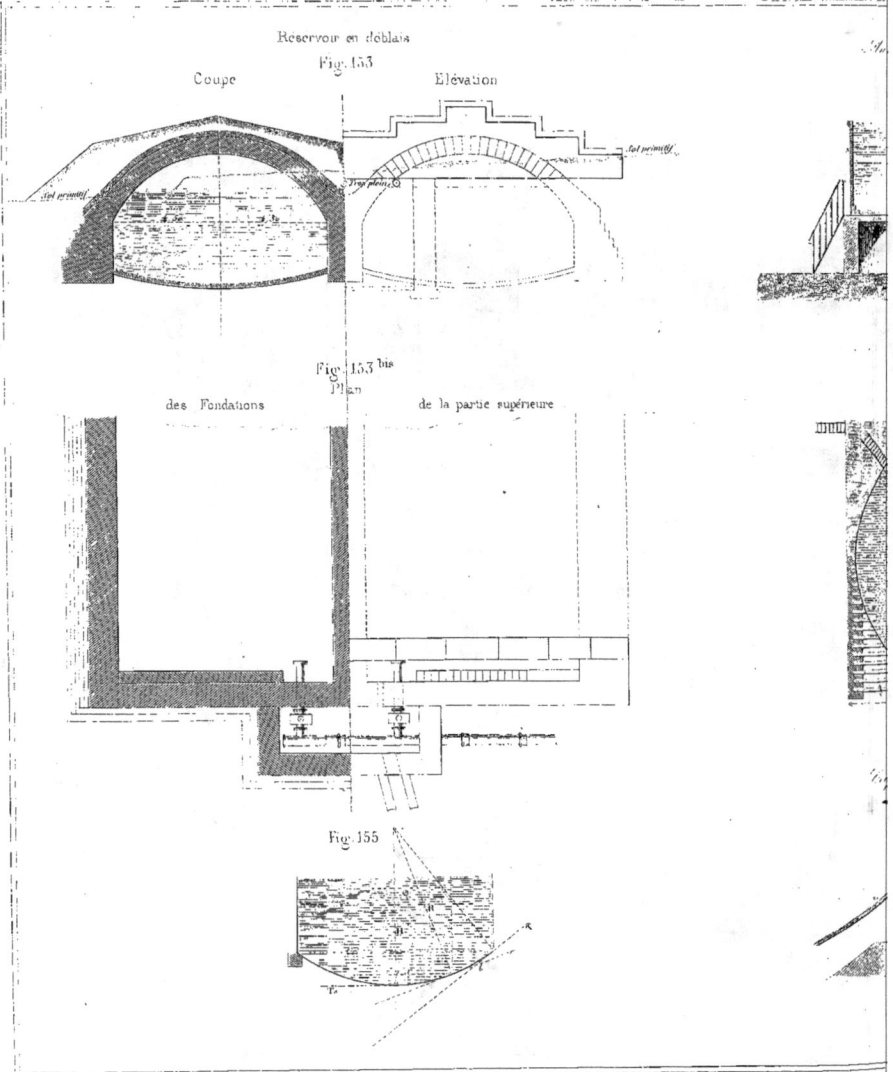

Réservoir en déblais
Fig. 153

Coupe   Élévation

Fig. 153 bis
Plan

des Fondations   de la partie supérieure

Fig. 155

Ancienne cave de Chaillot.

Fig. 154

Élévation.

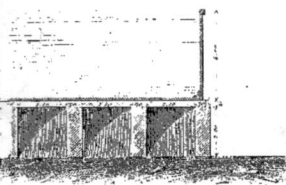

2 Nouvelle cave de Chaillot.

Fig. 156

Élévation.

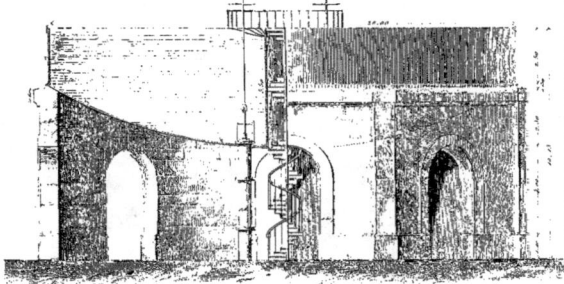

Fig. 154 bis   Plan.

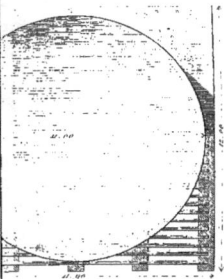

a   Plan de la maçonnerie des fondations.
b   id.   id.   à 1ᵐ au dessous du sol.
c   id. de la Cave.
d   id. de la Couronne.

Fig. 156 bis   Plan.

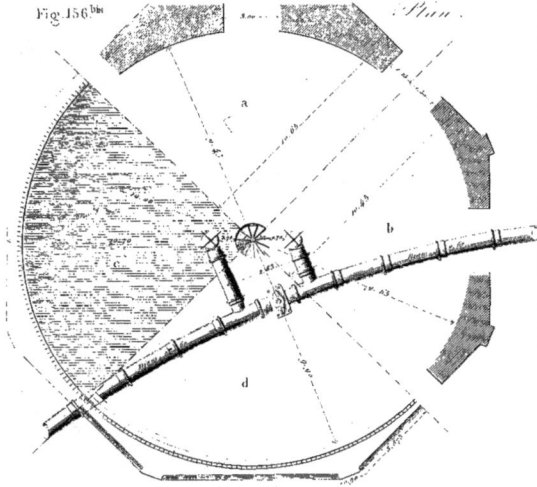

Fig. 158 ter

Coupe verticale de la Couronne.

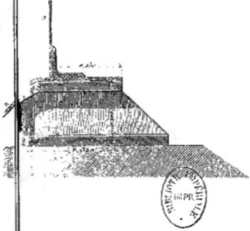

Dulos del.

Coupe sur I M.

Coupe sur la Ligne A B

Coupe sur I J.

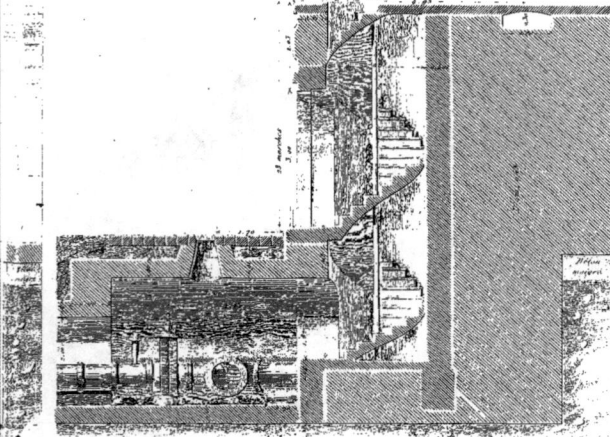

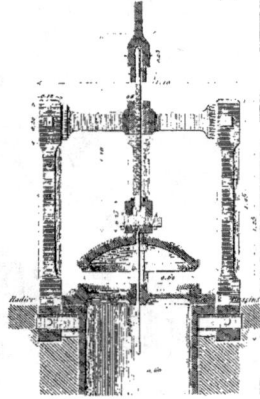

Bonde de service.

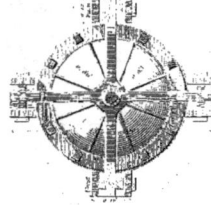

Bonde de fond.

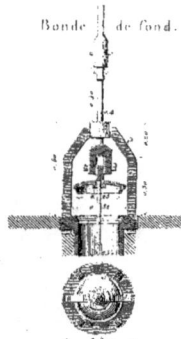

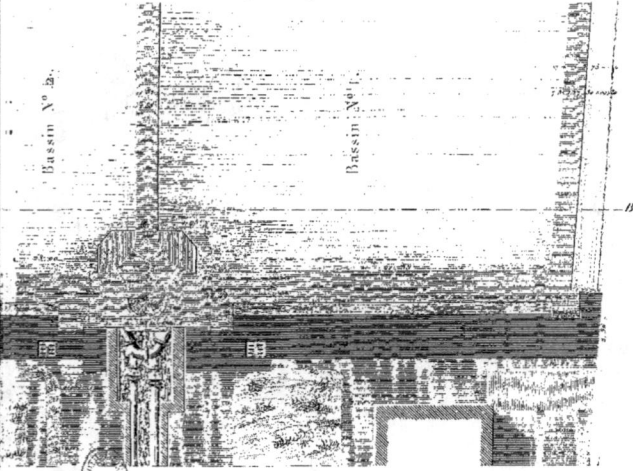

Bassin N° 2.

Bassin N° 1.

PRESSE HYDRAULIQUE.

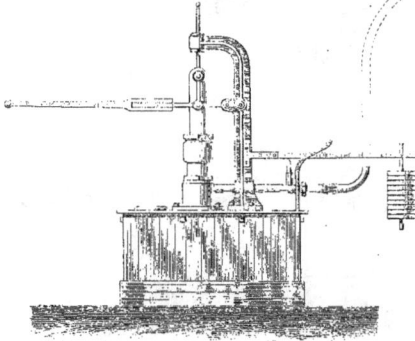

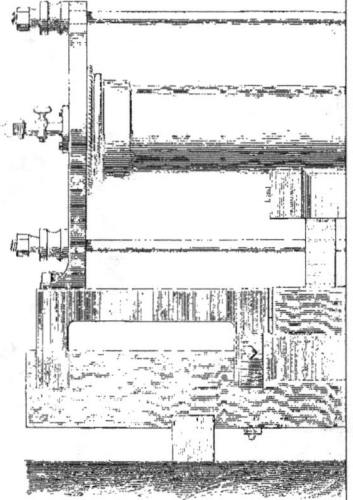

Plan.

Coupe sur C D.

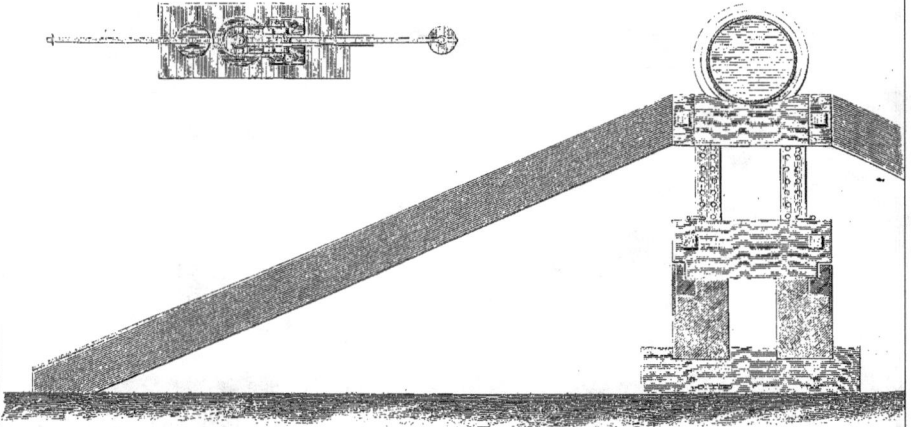

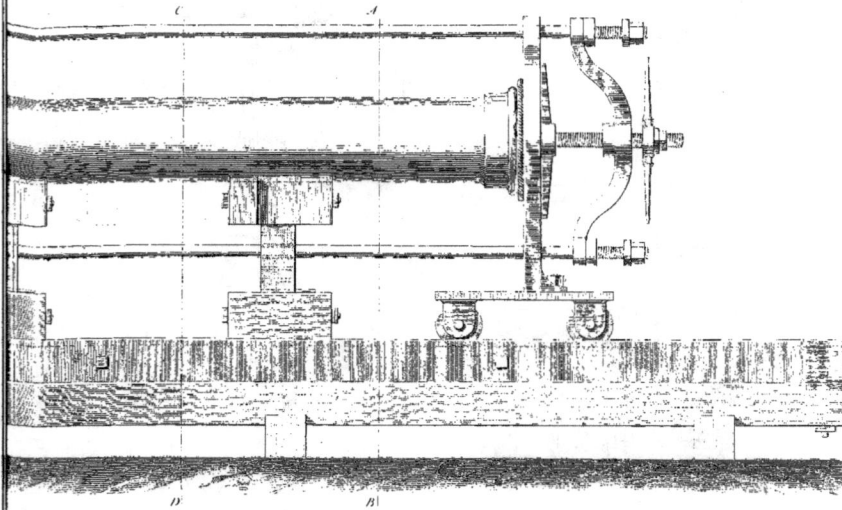

Compas pour vérifier l'épaisseur des tuyaux.

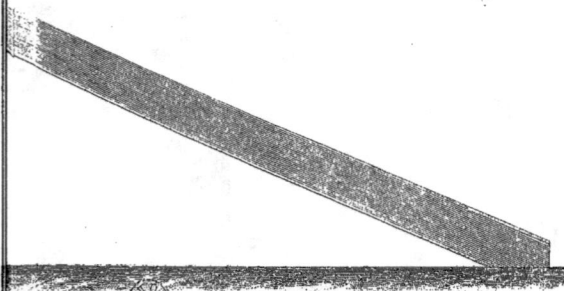

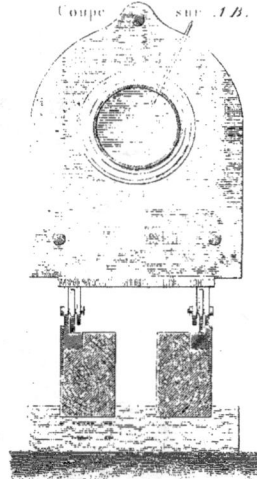

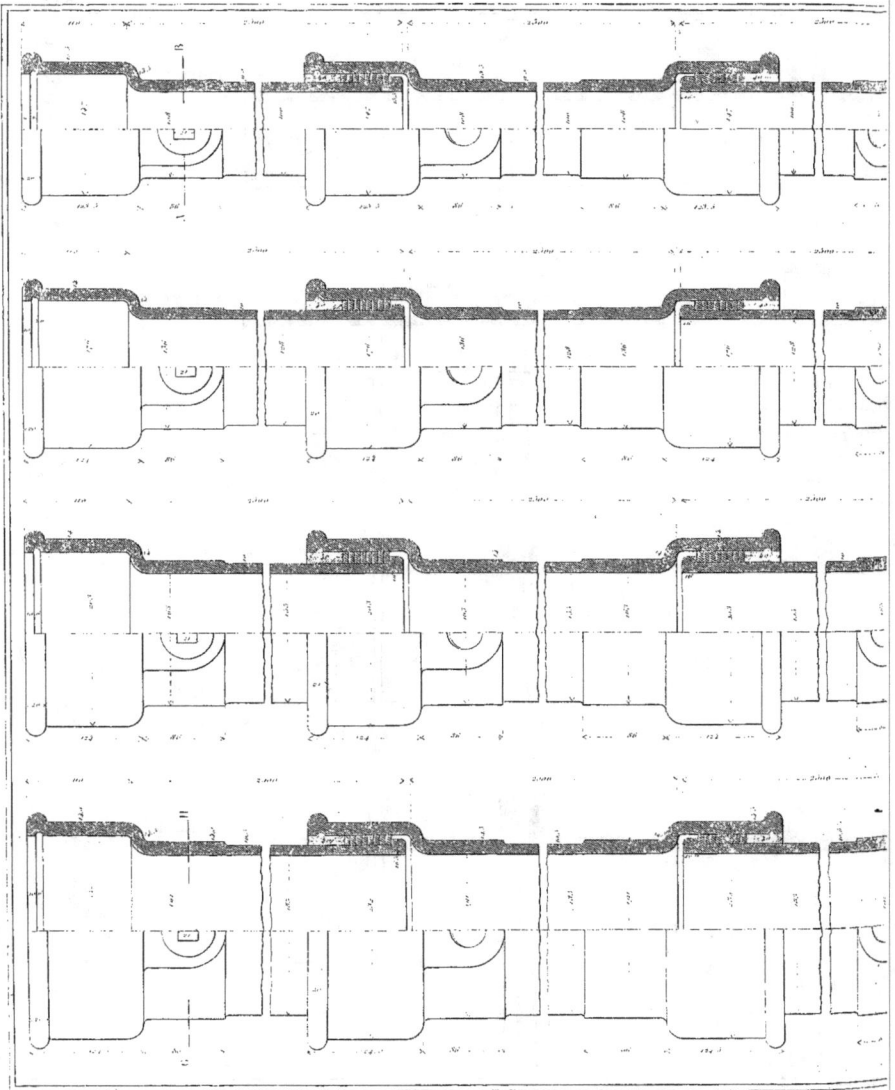

Echelle

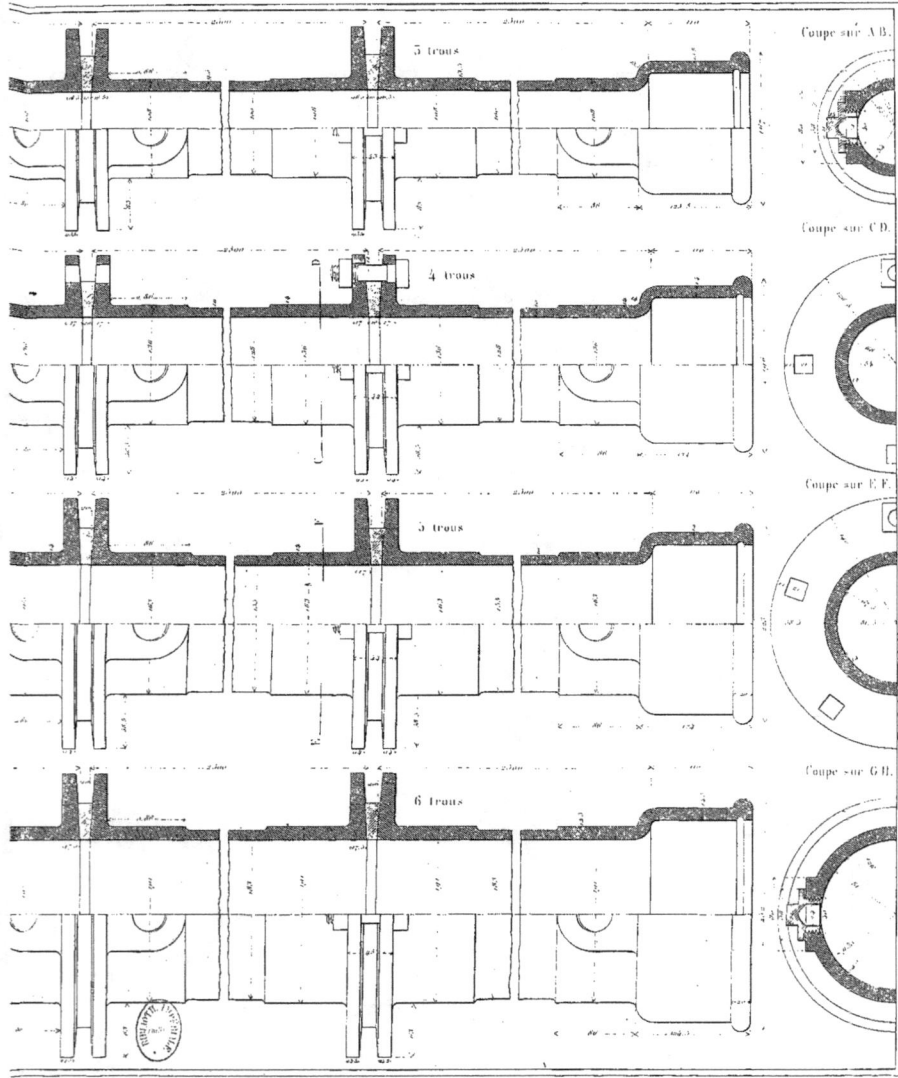

5 trous

Coupe sur A B.

4 trous

Coupe sur C D.

5 trous

Coupe sur E F.

6 trous

Coupe sur G H.

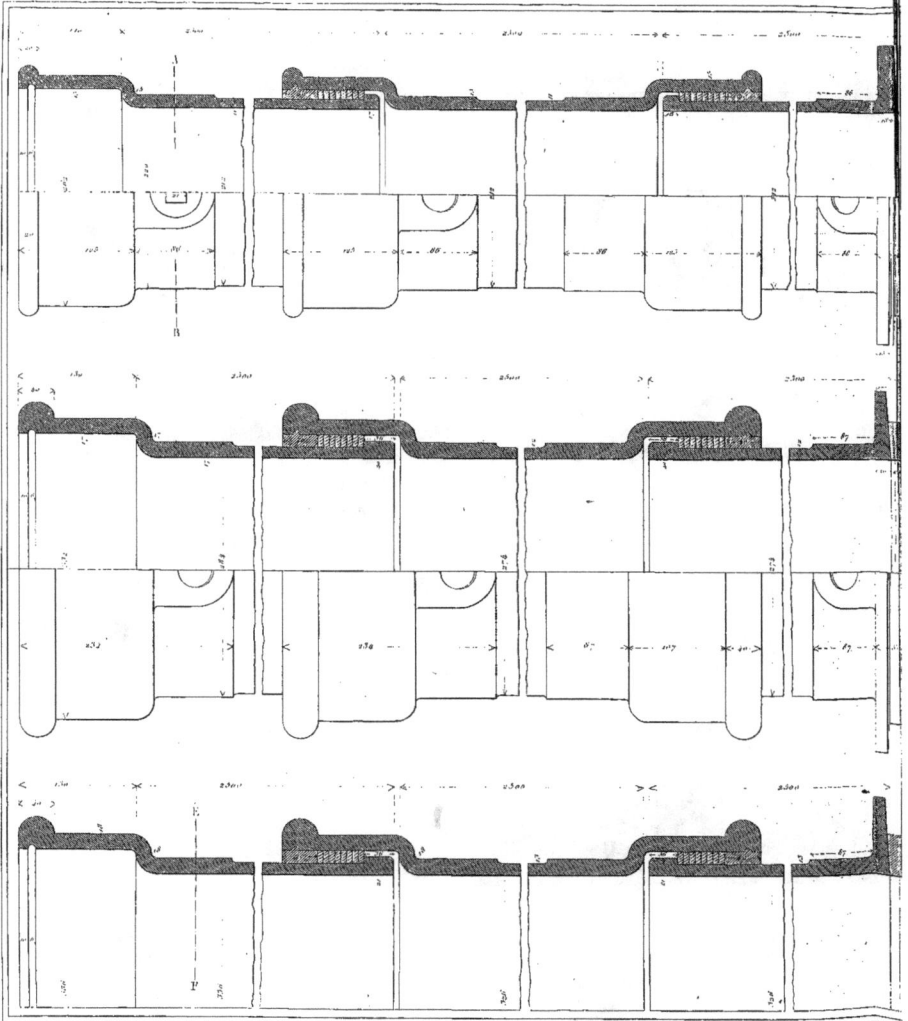

Echelle au 5

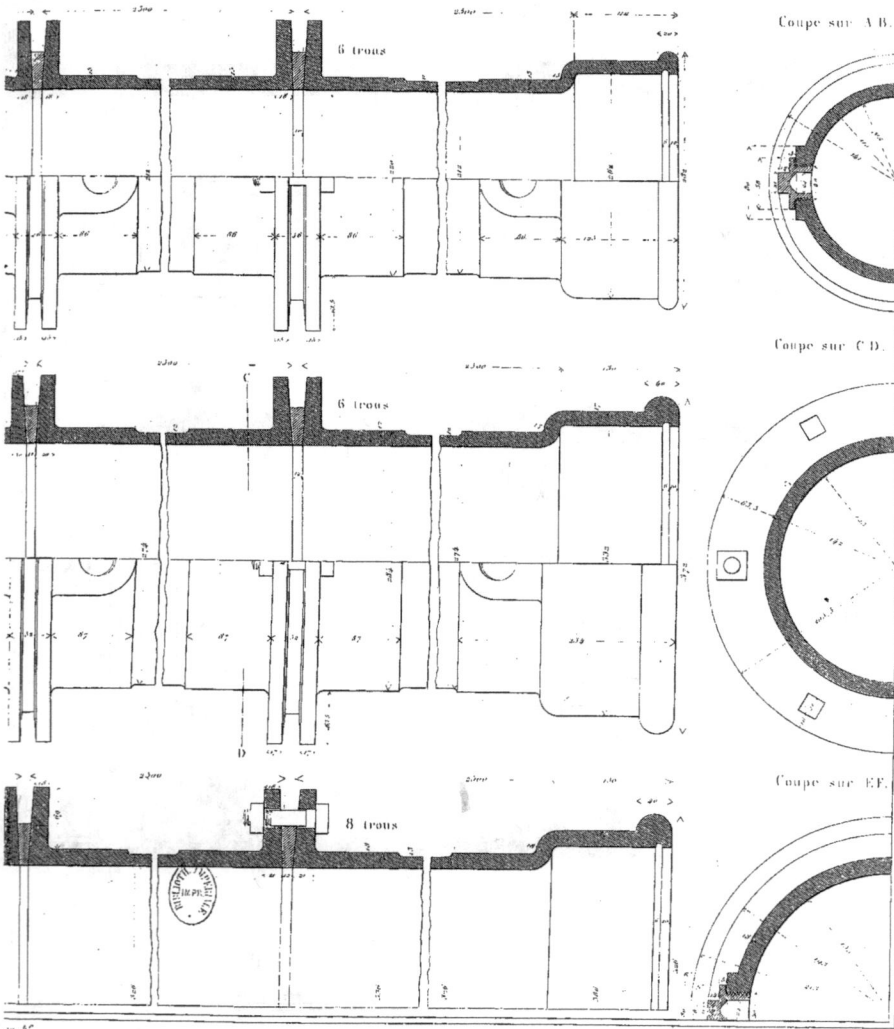

Coupe sur A B.

Coupe sur C D.

Coupe sur E F.

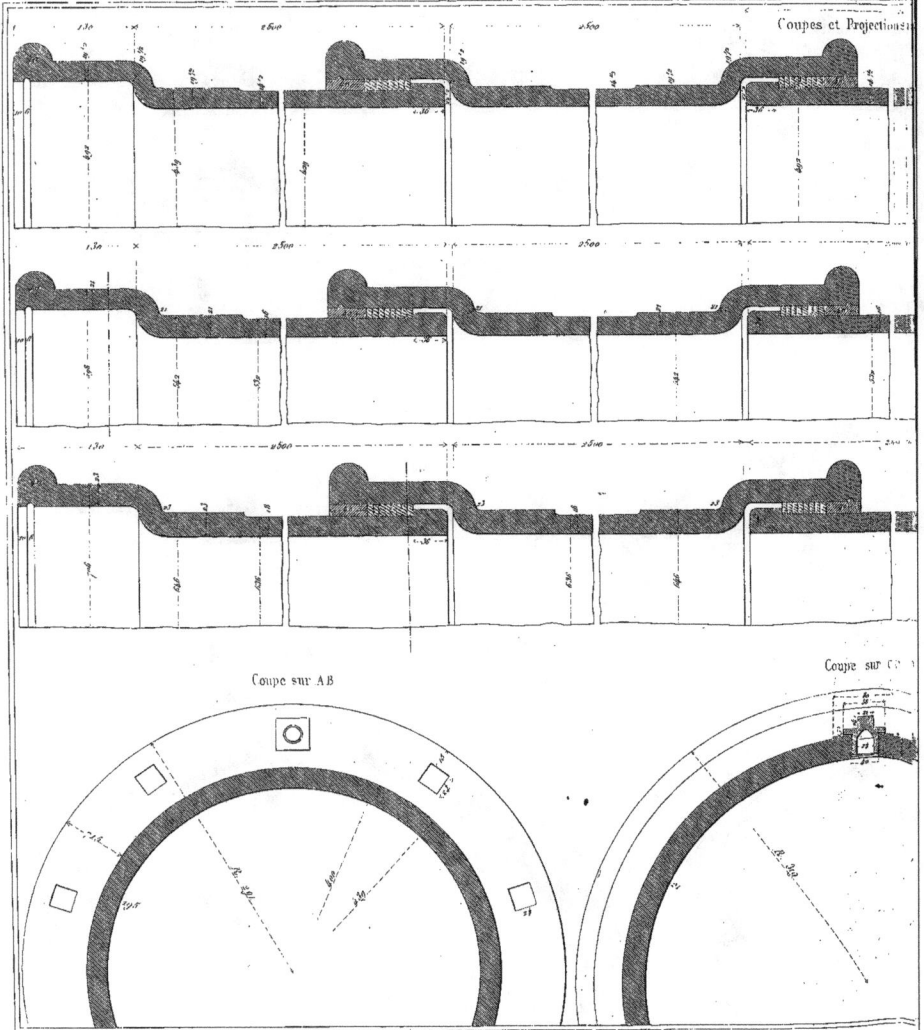

Coupes et Projections

Coupe sur AB

Coupe sur C

Echelle au 5

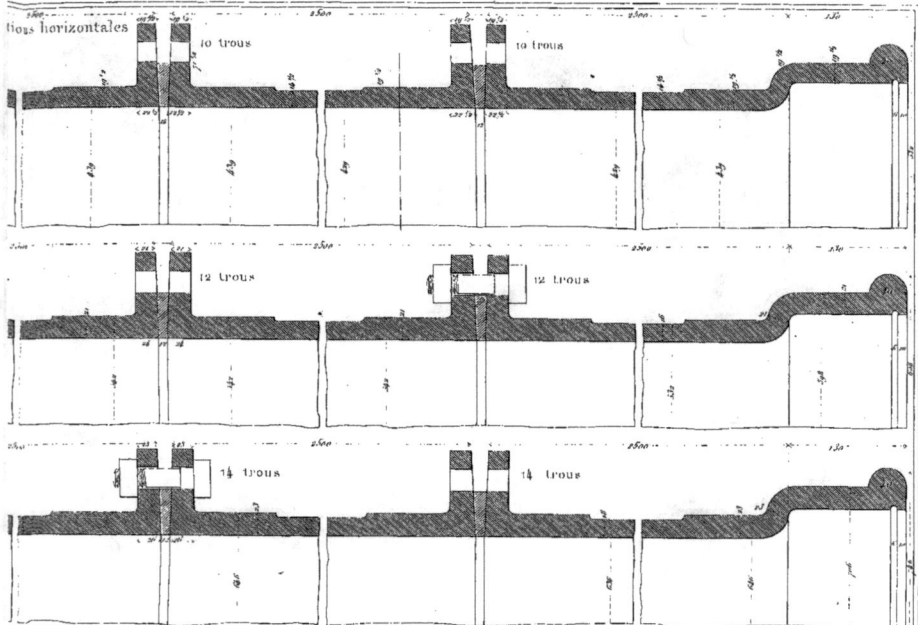

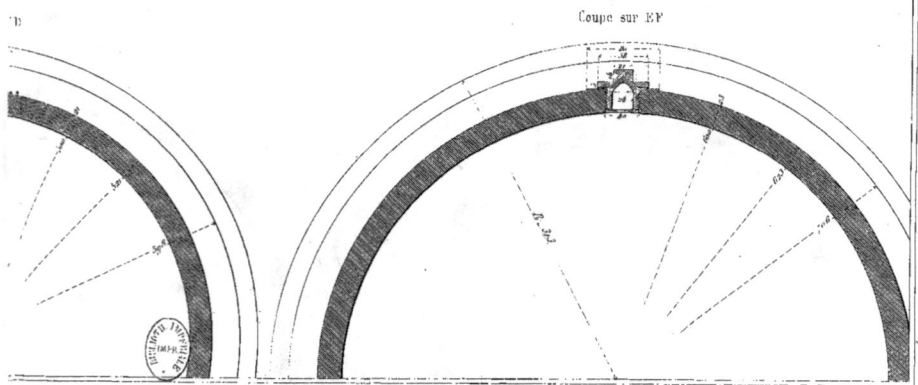

Coupe sur EF

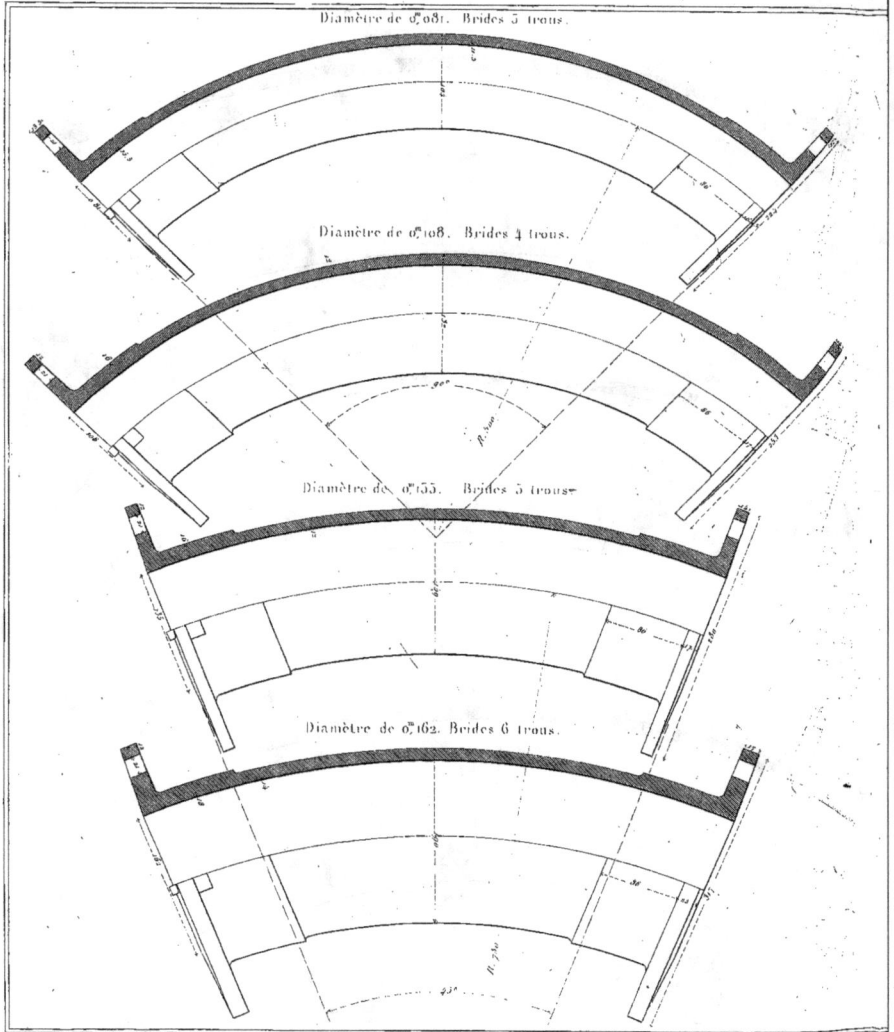

Diamètre de 0ᵐ081. Brides 3 trous.

Diamètre de 0ᵐ108. Brides 4 trous.

Diamètre de 0ᵐ155. Brides 5 trous.

Diamètre de 0ᵐ162. Brides 6 trous.

Diamètre de 0^m,190. Brides 6 trous.

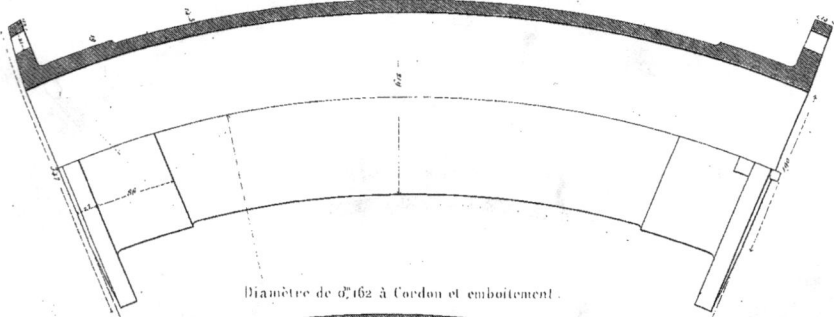

Diamètre de 0^m,162 à Cordon et emboîtement.

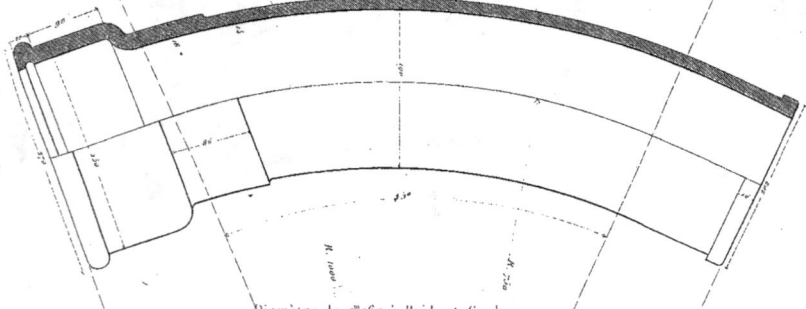

Diamètre de 0^m,162 à Bride et Cordon.

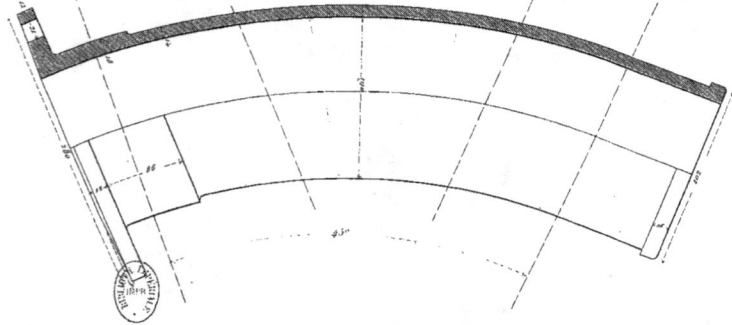

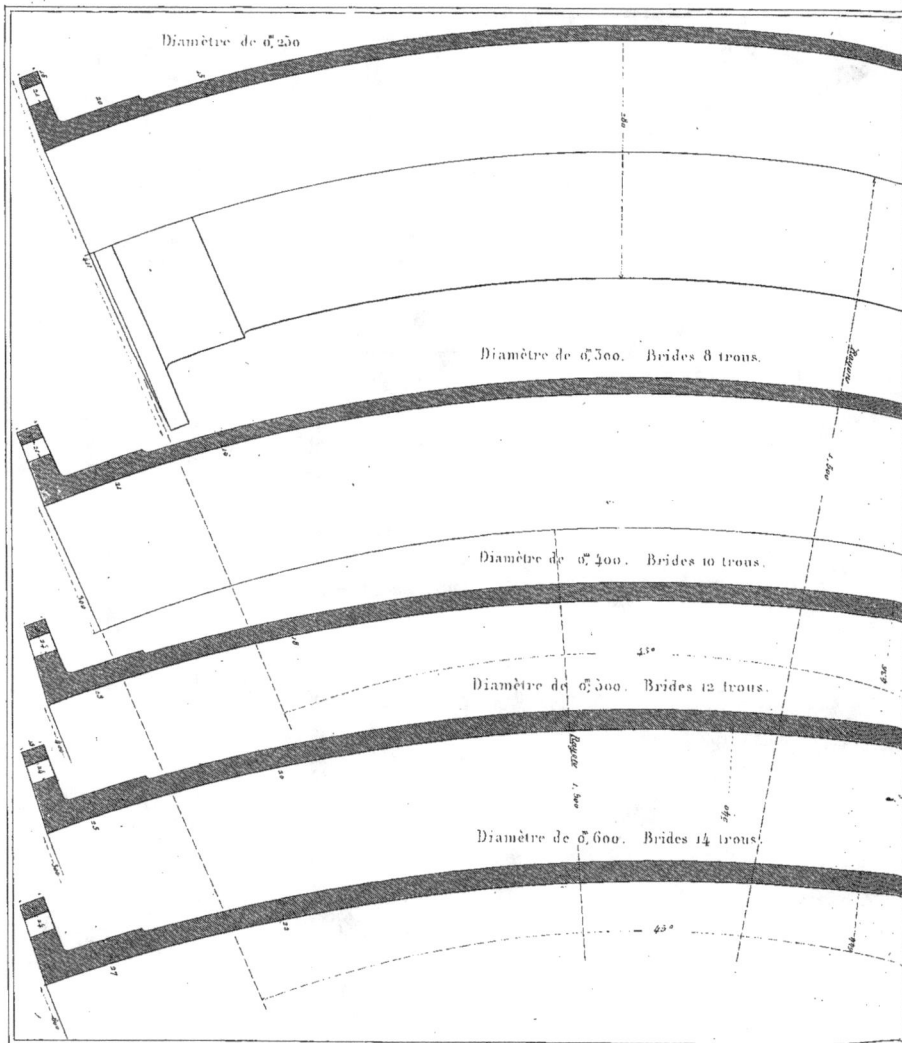

Diamètre de 0.250

Diamètre de 0.300. Brides 8 trous.

Diamètre de 0.400. Brides 10 trous.

Diamètre de 0.500. Brides 12 trous.

Diamètre de 0.600. Brides 14 trous.

Brides 6 trous.

Tubulure de 0,081.   Bride 5 trous.

Diamètre de 0,190. Bride 5 trous.

Bride 4 trous.

Diamètre de 0,230.

Diamètre de 0,108.

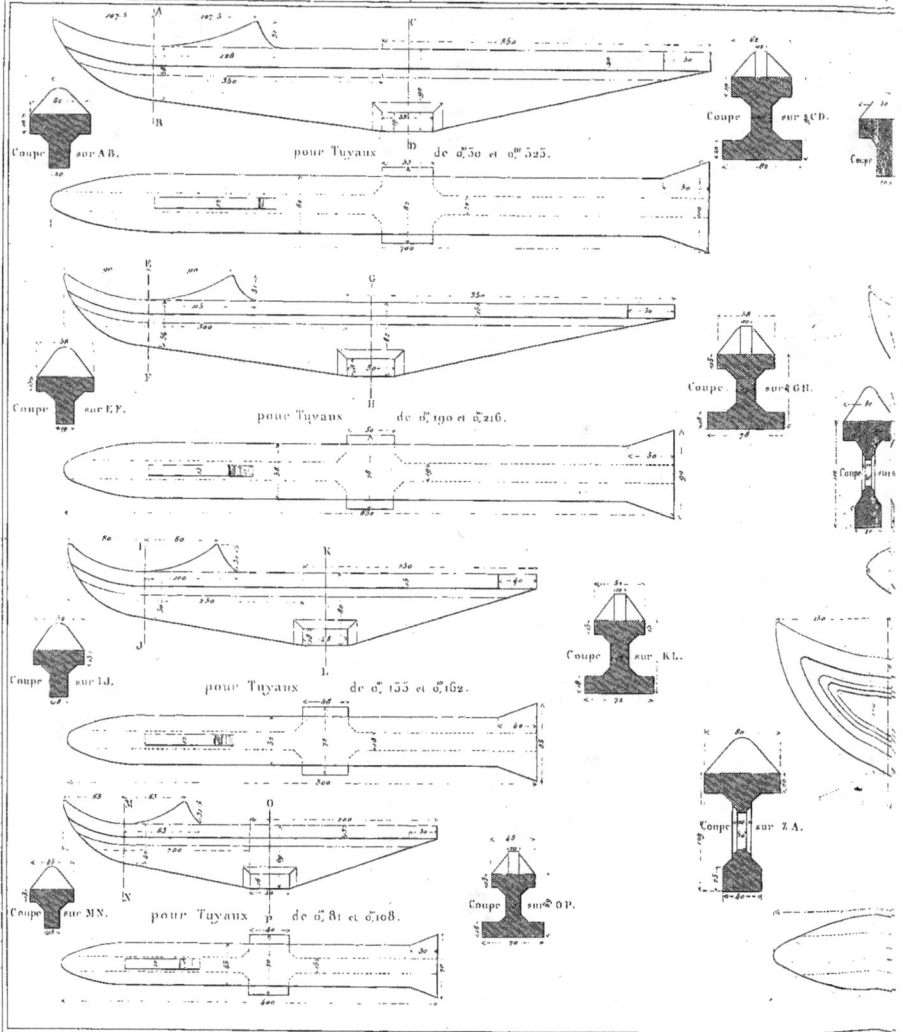

Coupe sur A.B.

Coupe sur C.D.

pour Tuyaux de 0,50 et 0,525.

Coupe sur E.F.

Coupe sur G.H.

pour Tuyaux de 0,190 et 0,216.

Coupe sur I.J.

Coupe sur K.L.

pour Tuyaux de 0,155 et 0,162.

Coupe sur Z.A.

Coupe sur M.N.

Coupe sur O.P.

pour Tuyaux de 0,81 et 0,108.

Echelle de

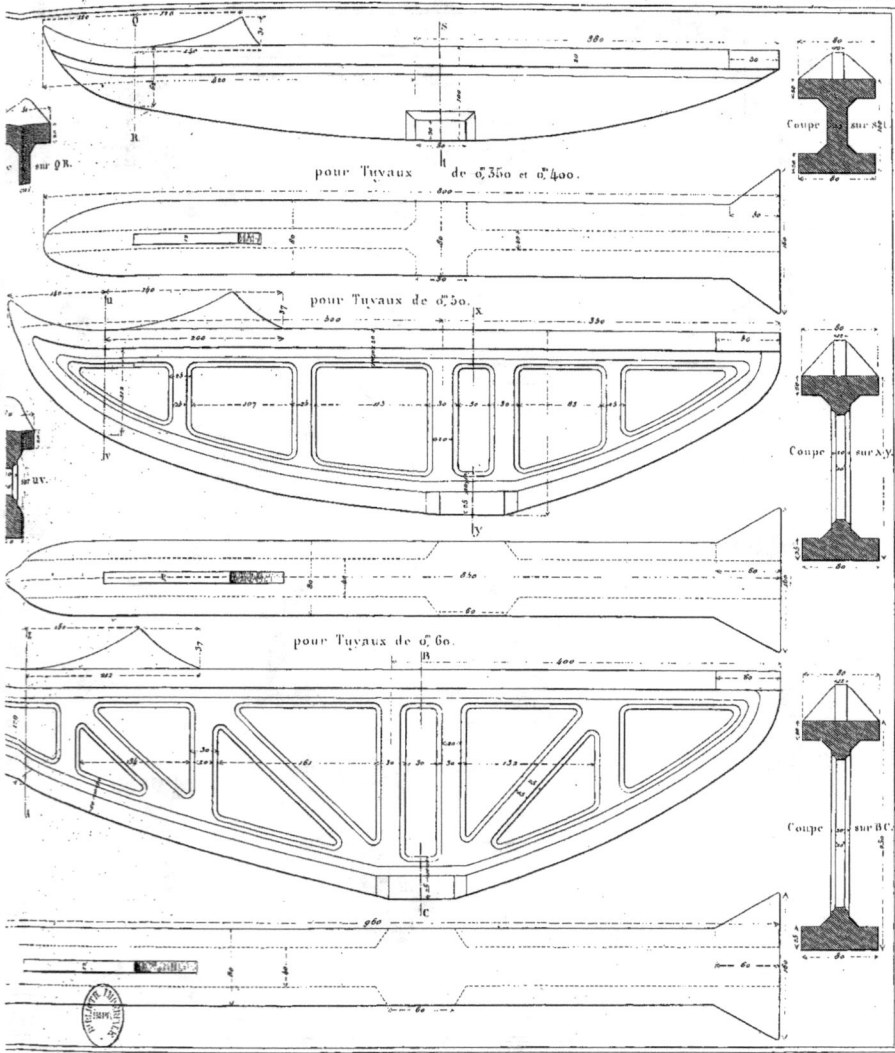

pour Tuyaux de 0,350 et 0,400.

pour Tuyaux de 0,50.

pour Tuyaux de 0,60.

Coupe sur SL.

Coupe sur XY.

Coupe sur BC.

pour Tuyau de 0ᵐ,081.

pour Tuyau de 0ᵐ,108.

pour Tuyau de 0ᵐ,05.

Echelle

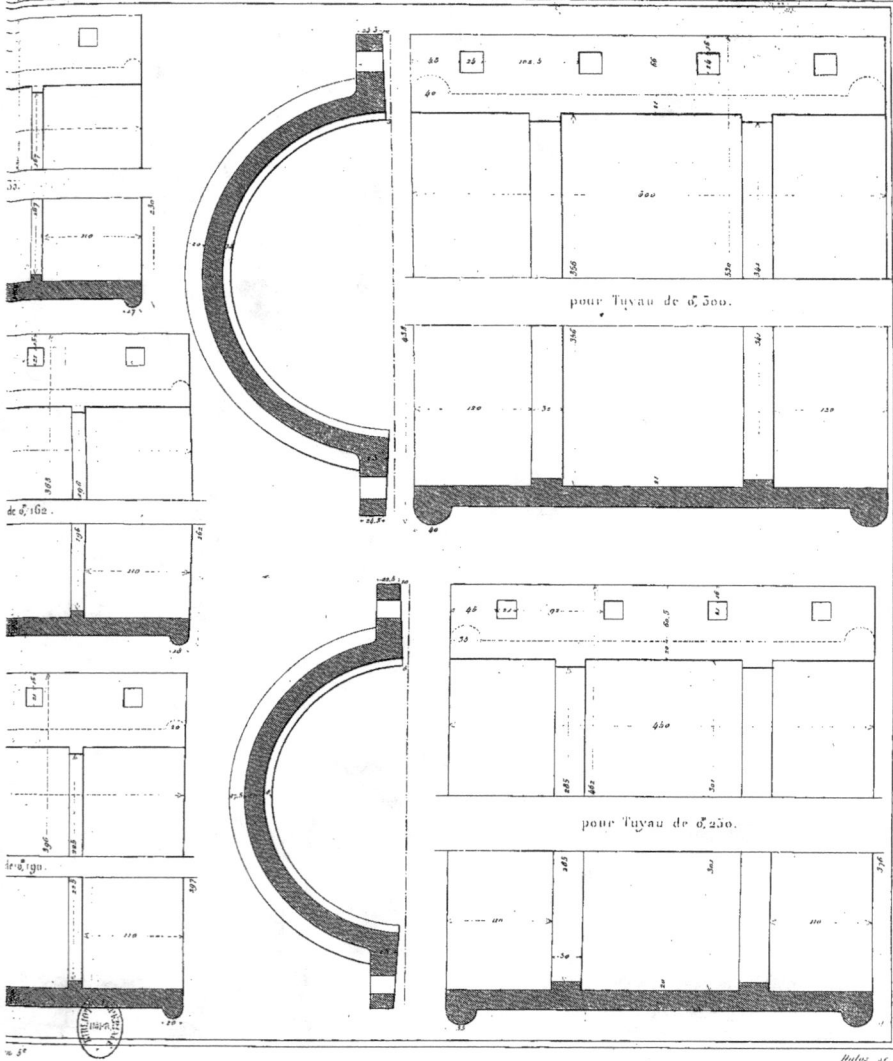

pour Tuyau de 0,500.

pour Tuyau de 0,250.

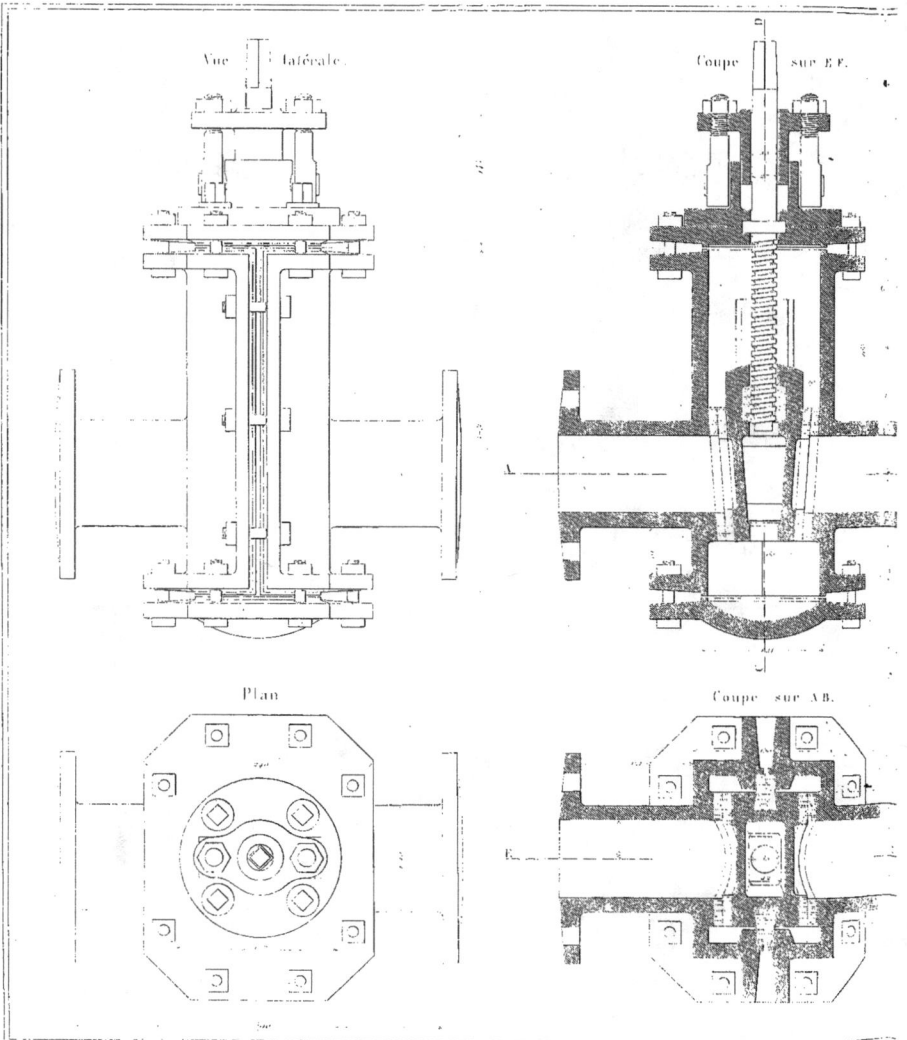

Vue latérale.

Coupe sur EF.

Plan

Coupe sur AB.

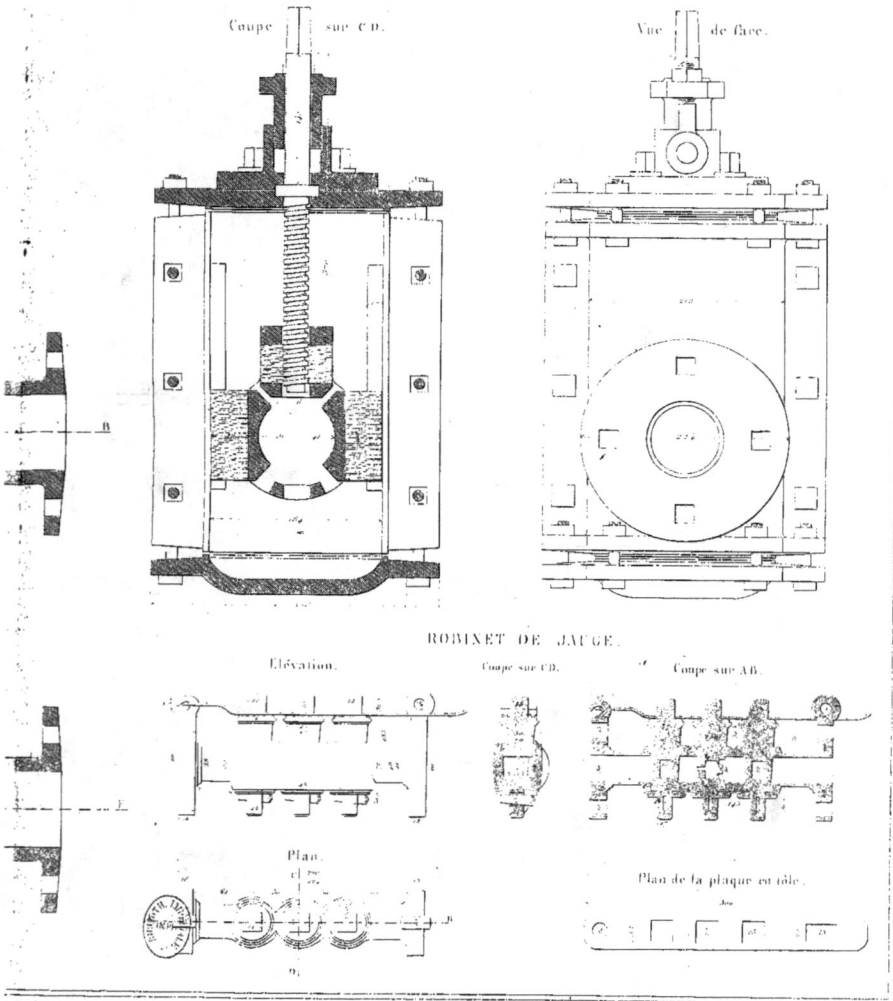

Coupe sur CD.

Vue de face.

ROBINET DE JAUGE.

Élévation.

Coupe sur CD.

Coupe sur AB.

Plan.

Plan de la plaque en tôle.

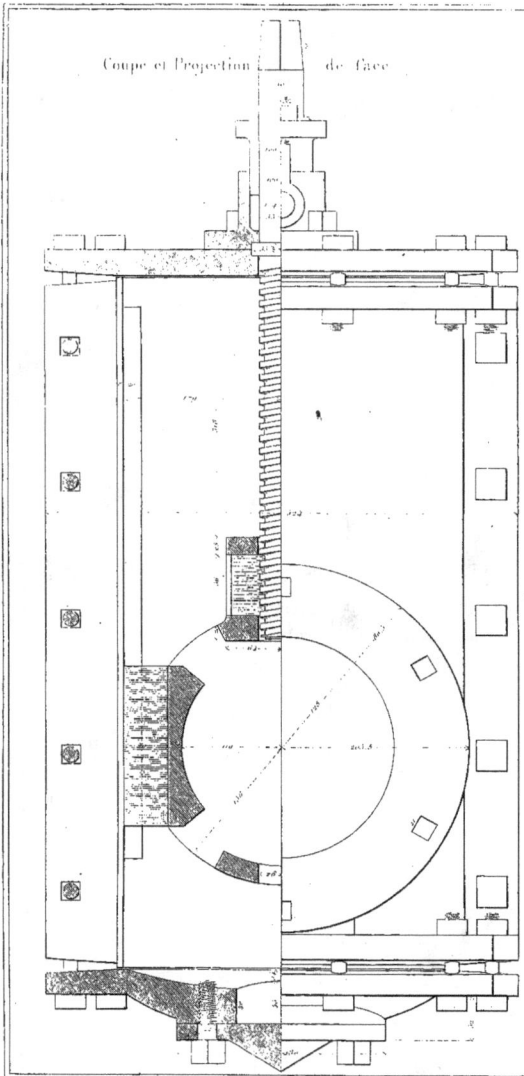

Coupe et Projection de face

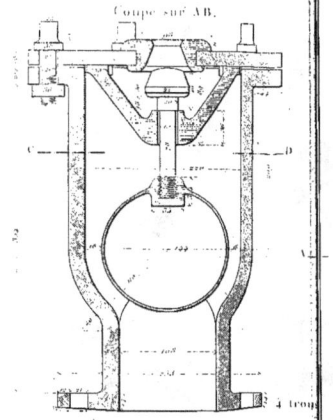

Coupe sur AB.

VENTOU

ROBINET-V

Coupe et Projection

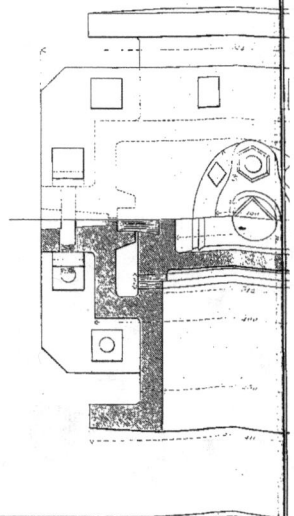

VENTOUSE.

Coupe et Projection latérale.

Coupe sur CD.

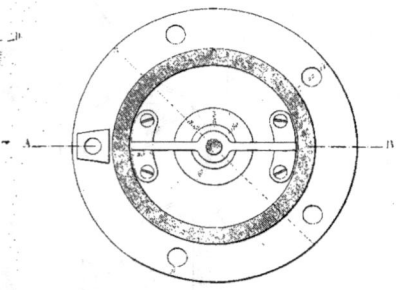

A ————— B

4 trous.

ROBINET-VANNE.

Projection horizontale.

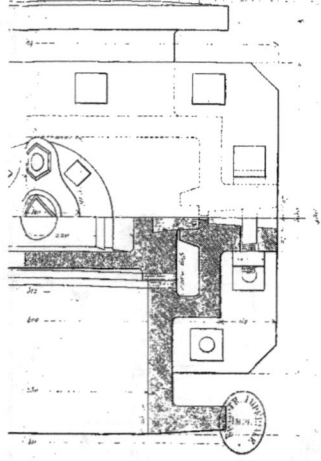

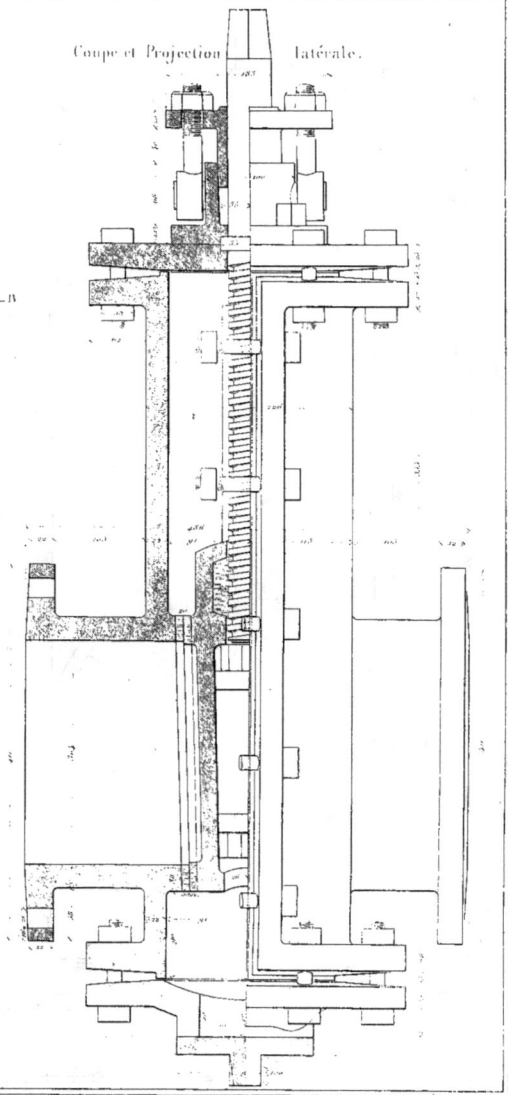

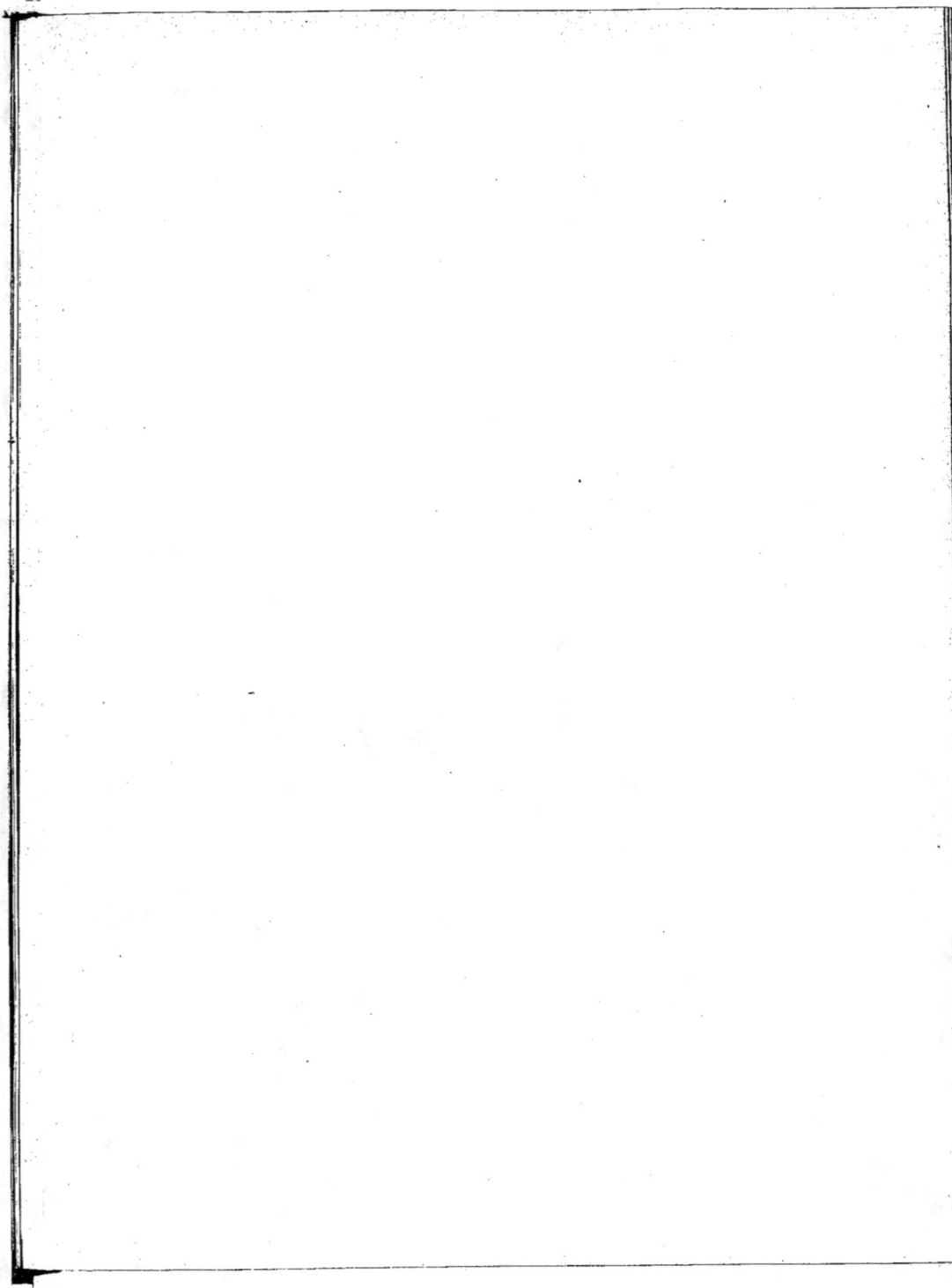

Clapet de chasse pour conduite de 0.⁰⁴.
Coupe verticale sur l'Axe.

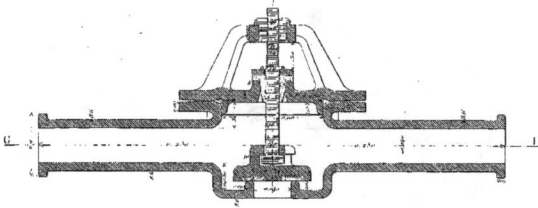

Coupe sur AB.

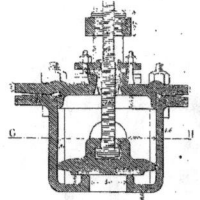

Clapet d'arrêt pour conduite de 0.⁰⁴.
Coupe verticale sur l'Axe.

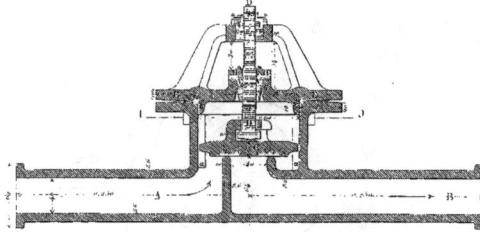

Coupe sur CD.

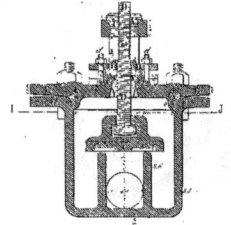

Clapet d'arrêt pour conduite de 0.¹⁰.
Coupe verticale sur l'Axe.

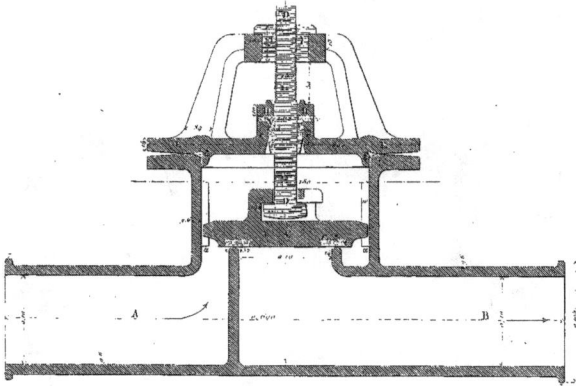

Coupe sur EF.

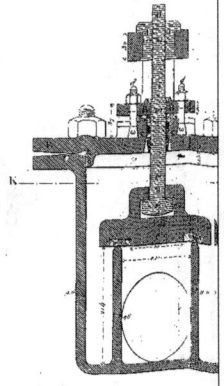

Échelle au

Coupe sur G.H.

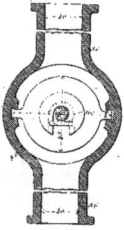

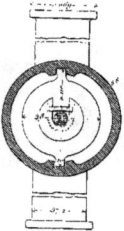

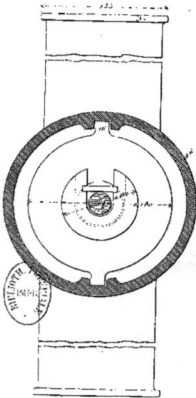

Plan du Clapet.

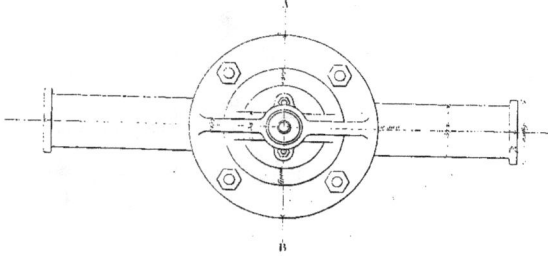

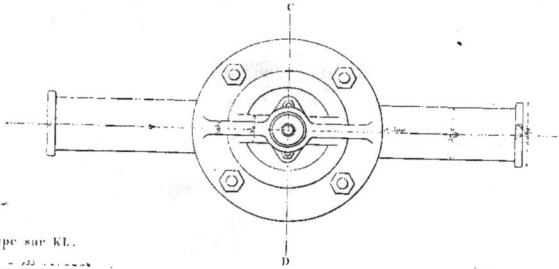

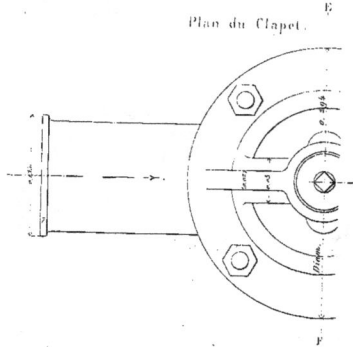

Coupe sur I.J.

Plan du Clapet.

Coupe sur K.L.

Plan du Clapet.

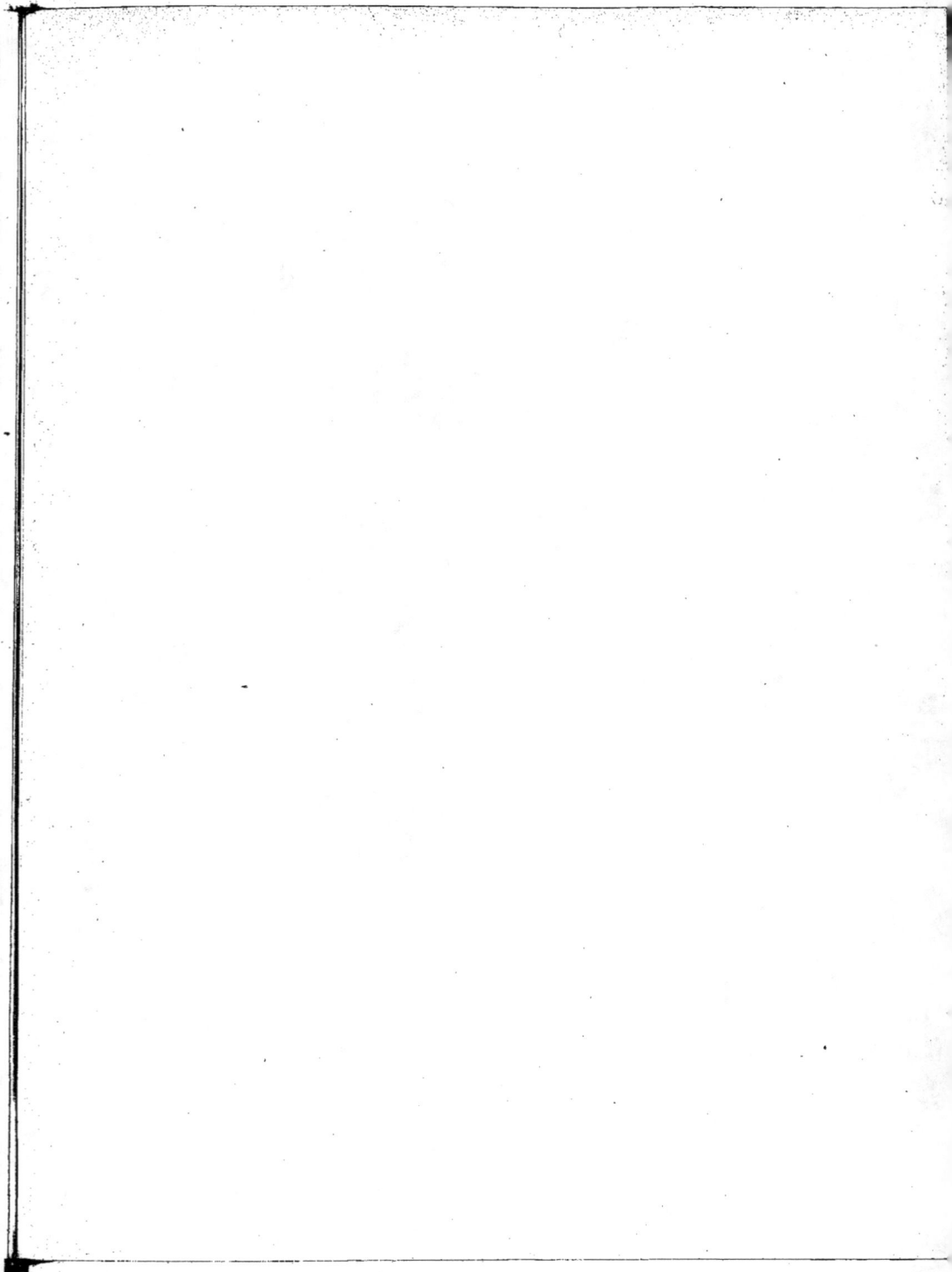

BORNE FONTAINE
Coupe sur A.B.

Coupe verticale

Coupe sur C.D.

Plan.

Plan.

Clapet d'arrêt pour conduite
de 0,25.

sur l'Axe.

Coupe   sur G H.

E   E

Coupe sur E F.

Coupe.

Elévation.

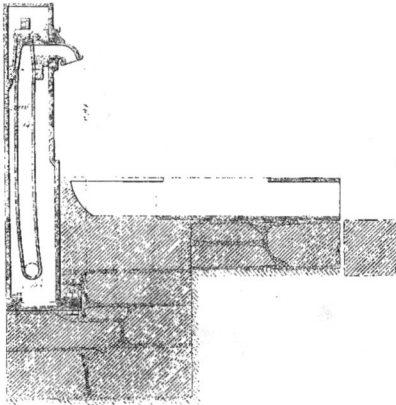

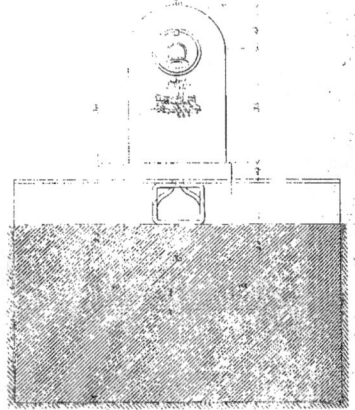

Robinet à Coin.

Plan.

Clef
vue en Elévation.

Coupe.

Elévation.

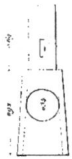

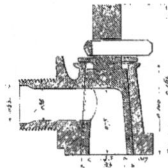

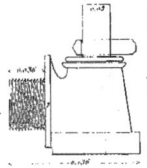

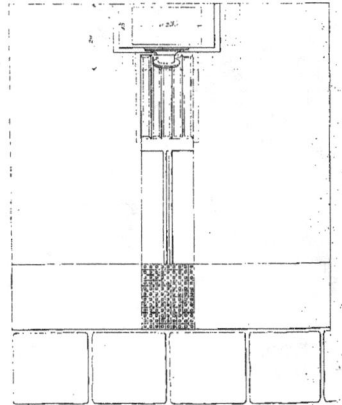

Clef
vue en Plan.

Boîtes à Vanttis.

Elévation.

Plan.

Plan.

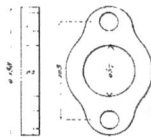

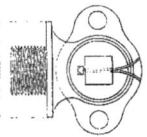

Echelles {
de 0,007 pour le Bor
de 1/3 pour le Rob
de 1/3 pour le Bo

Robinet à Repousser
pour passage à volonté.

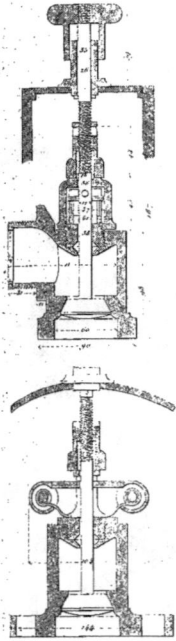

Robinet à Soupape.

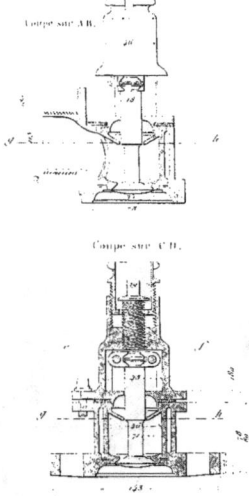

Coupe sur AB.

Coupe horizontale sur gh.

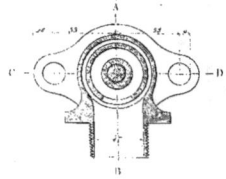

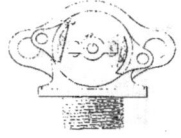

Coupe sur CD.

Coupe horizontale sur ef.

Bouche à clef sur Robinet d'arrêt.

Oeillier extérieur.

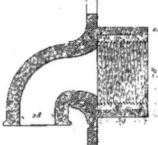

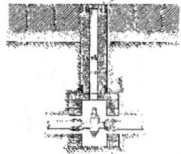

Robinet d'arrêt et de décharge.

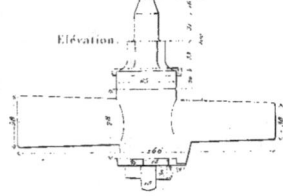

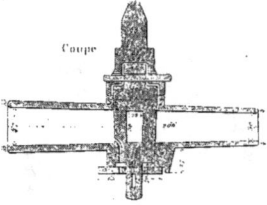

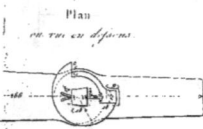

Plan
ou vue en dessous.

Élévation.

Coupe.

Delar se.

Fontaine et Robinets à coin.
Robinet à soupape et à repoussoir.
Robinet d'arrêt et de décharge.

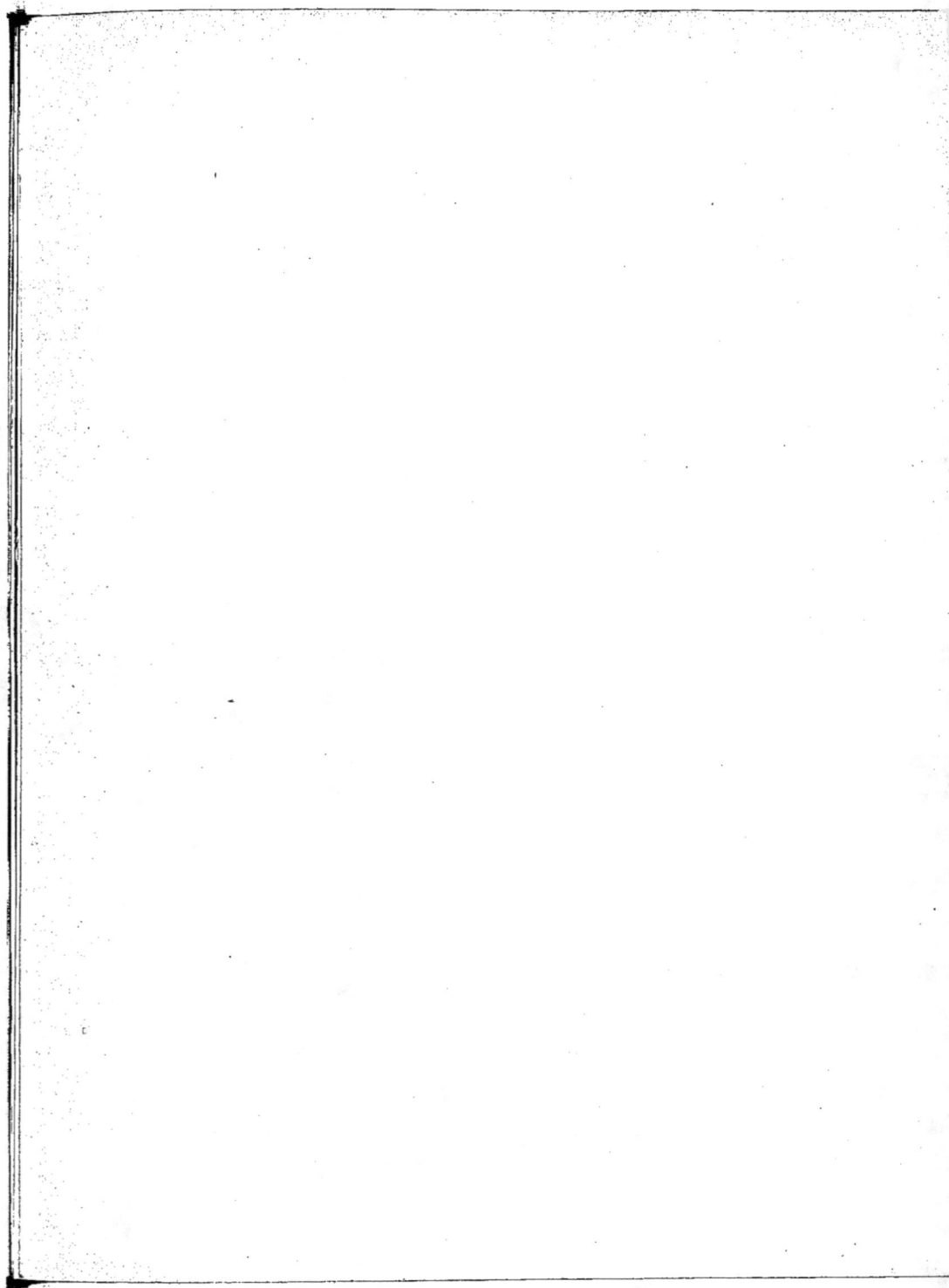

POTEAU D'ARROSEMENT
ET BOUCHE D'EAU SOUS TROTTOIR

Conduite et Distribution des Eaux

BOUCHE D'EAU SOUS TROTTOIR.

Élévation des deux flottants et de la bouche d'incendie
fermée par un tampon à vis.

Élévation.

Coupe sur la ligne A B.

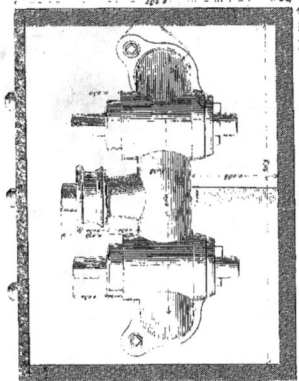

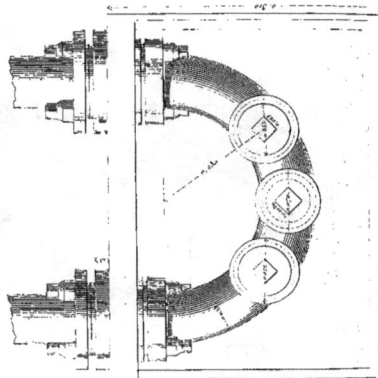

Plan.

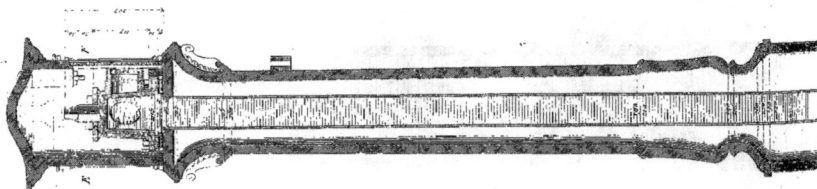

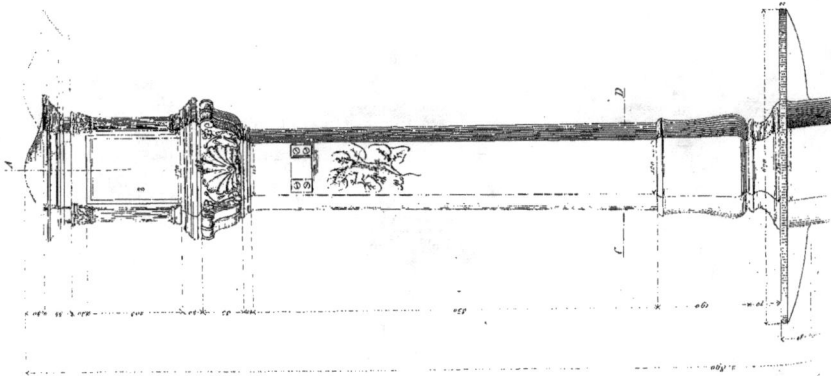

DÉGORGEOIR.

Plan.

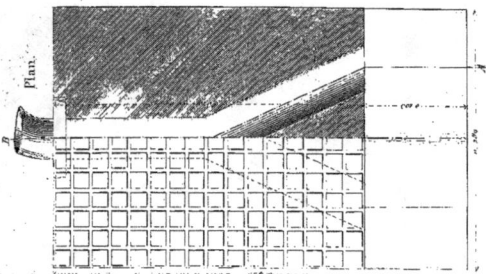

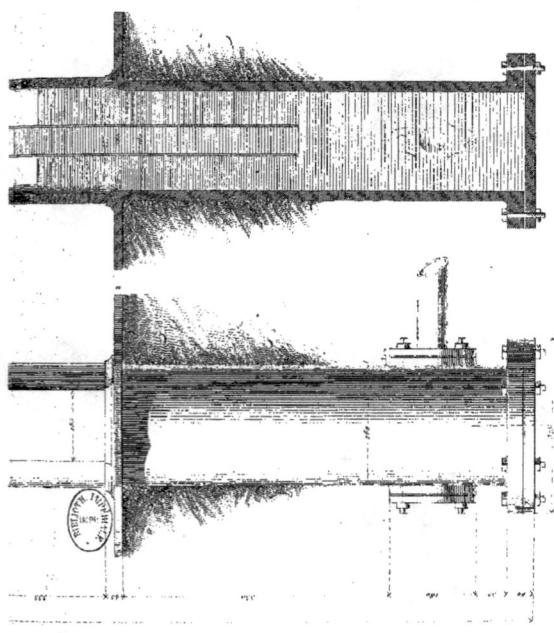

Coupe sur A.B.

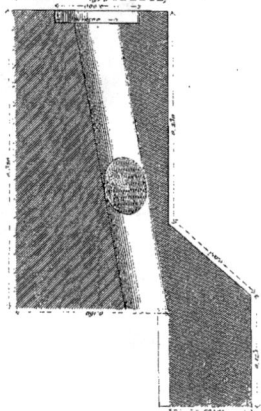

Coupe sur E.F.

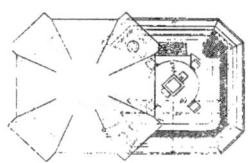

Coupe sur C.D.

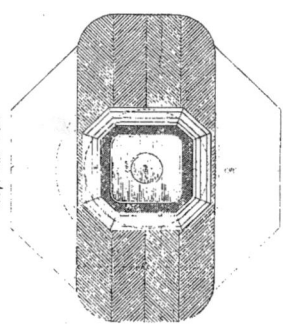

Échelles : { 1 m² pour le plan d'ensemble.
{ 1 m² pour la haute d'eau et le dégorgeoir.

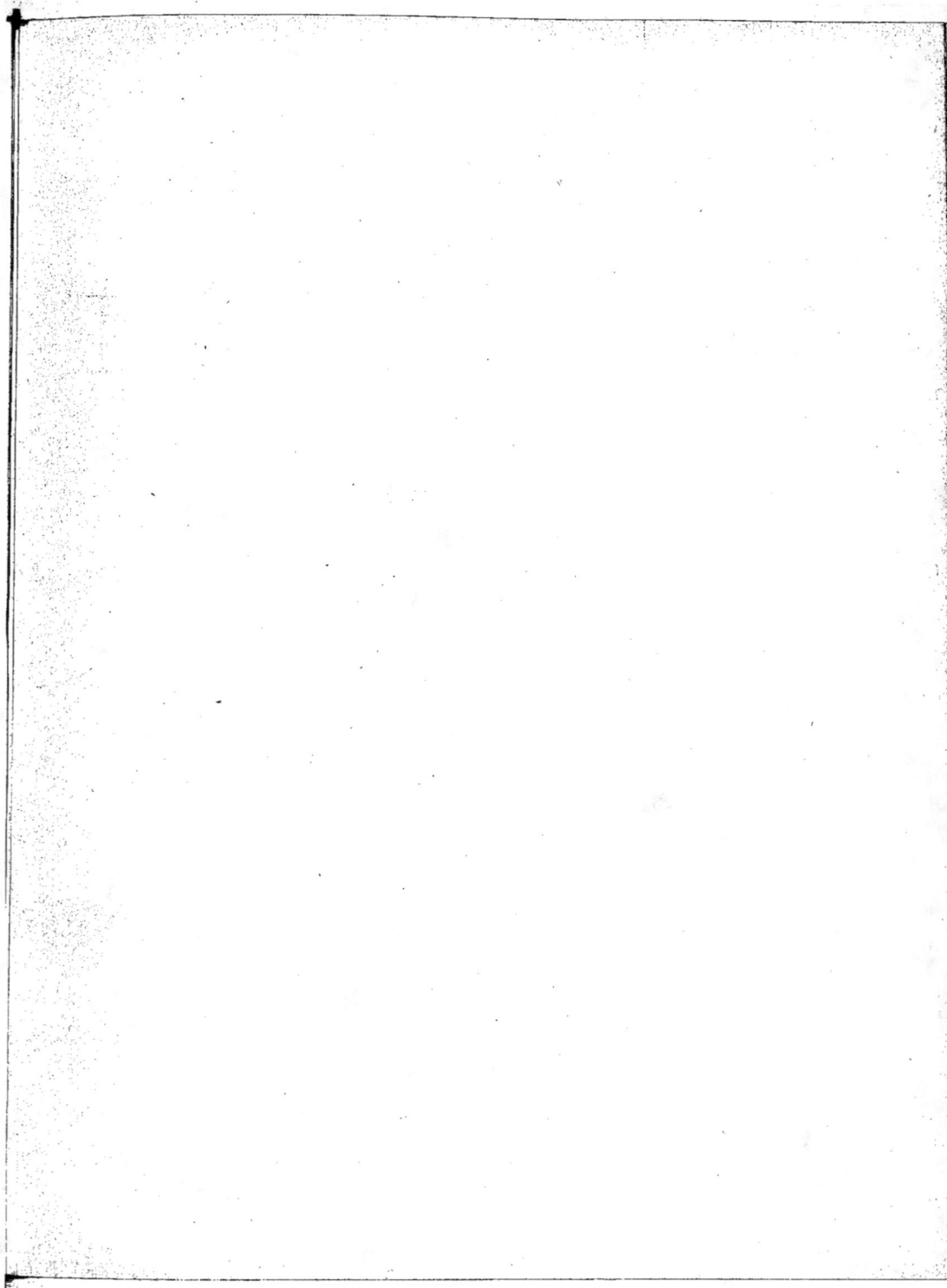

PRISE D'EAU AU MOYEN D'UNE TUBULURE.

Plan.

Fig. 1.

Fig. 2.

Coupe

A .... B

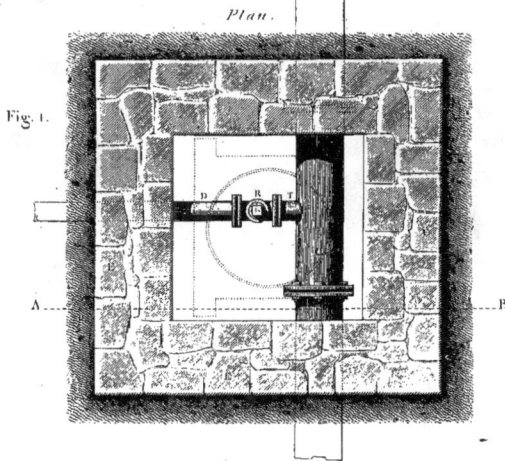

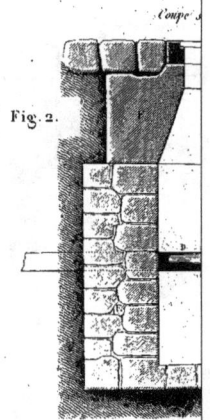

Fig. 4.

Coupe

PRISE D'EAU À COLLIER.

Projection horizontale.

Fig. 3.

Fig. 5.

Projection

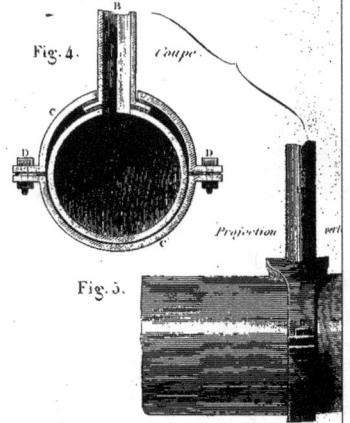

Ligne A.B.

ROBINET À FLOTTEUR

*Destiné à empecher les pertes d'Eau qui ont lieu ordinairement
dans un Réservoir par le Tuyau de trop plein*

Fig. 7

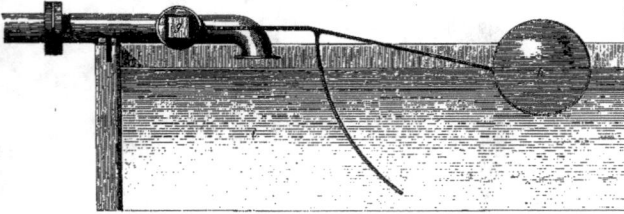

d'Eau à vis

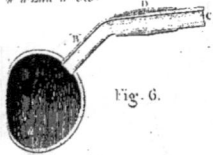

Fig. 6.

SOUPAPE À FLOTTEUR *produisant le même effet*

Fig. 8

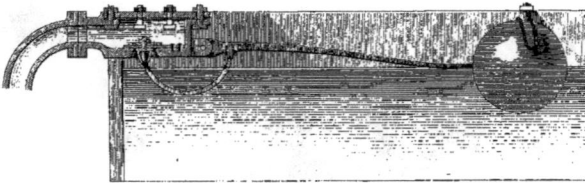

Gravé par Adam.

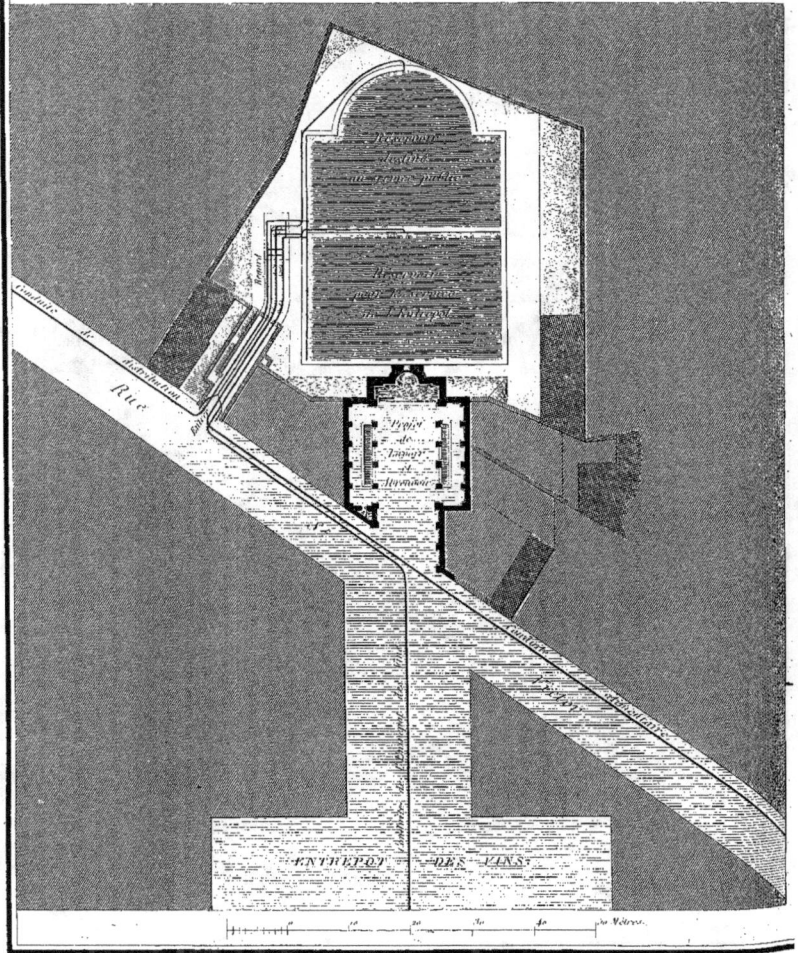

PLAN GÉNÉRAL DES RÉSERVOIRS
de la Rue St. Victor.

COUPES DU REGARD
Renfermant le Système Hydraulique.

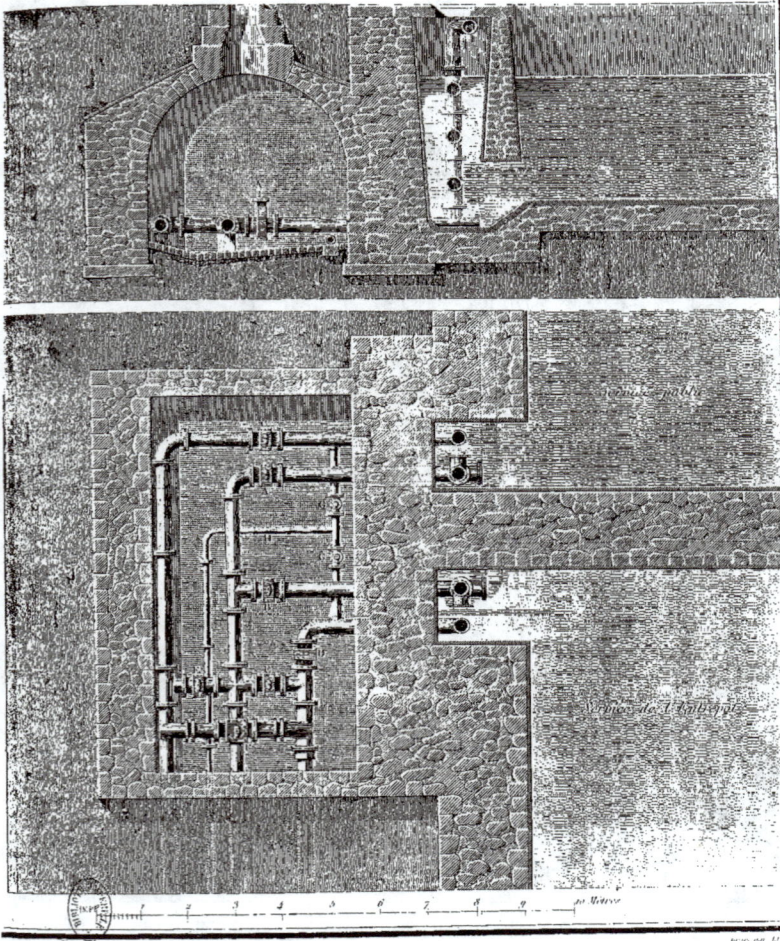

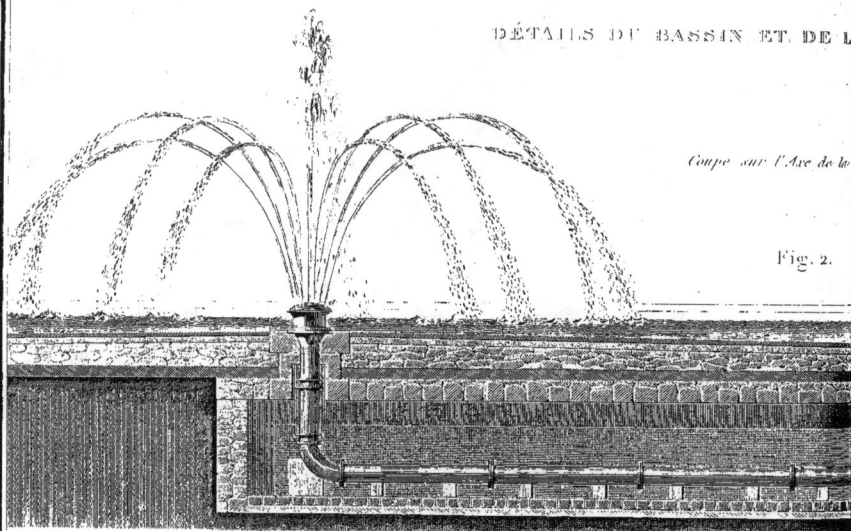

DÉTAILS DU BASSIN ET DE L

Coupe sur l'Axe de la

Fig. 2.

Fig. 8. *Ajutage du rang intérieur.*

Fig. 7. *Ajutage du centre.*

Fig. 9.

Fig. 6. *Coupe sur le milieu du Champignon.*

Fig. 5. *Plan* *du Champignon.*

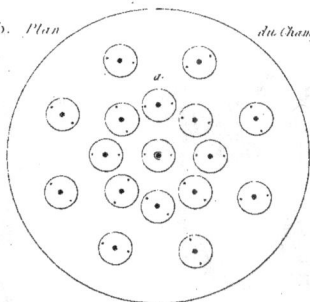

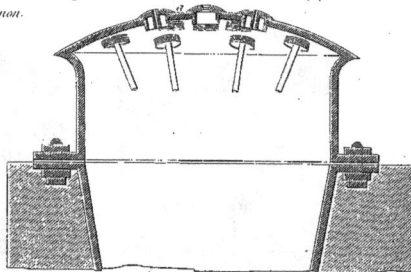

Echelle des fig. 2, 3 et 4.

GERBE D'EAU DU PALAIS ROYAL.

Plan du Bassin et de la Galerie souterraine
renfermant la Conduite.

N.º Les Fig. 7. 8. et 9.
sont à moitié de l'exécution
et celles 5. et 6 sont
au dixième.

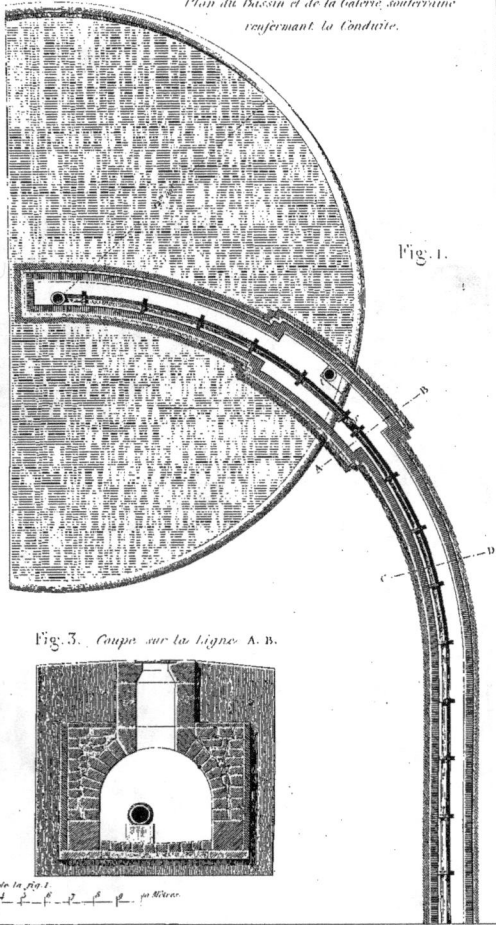

Fig. 1.

Ajutage
du rang extérieur.

Fig. 4. Coupe sur la ligne C.D.   Fig. 3. Coupe sur la ligne A.B.

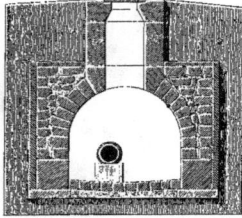

Echelle de la fig. 1.

par Mètre.

grav. par Adam.

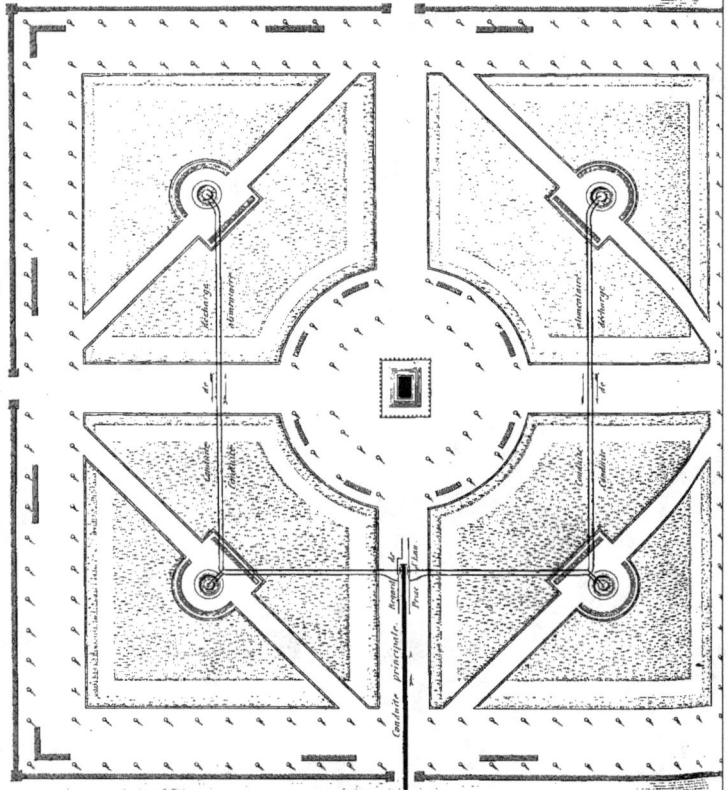

TRACÉ GÉNÉRAL DES CONDUITES DES QUATRE FONTAINES DE LA PLACE ROYALE.

Fig. 1.

COUPES DU REGARD DE PRISE D'EAU.

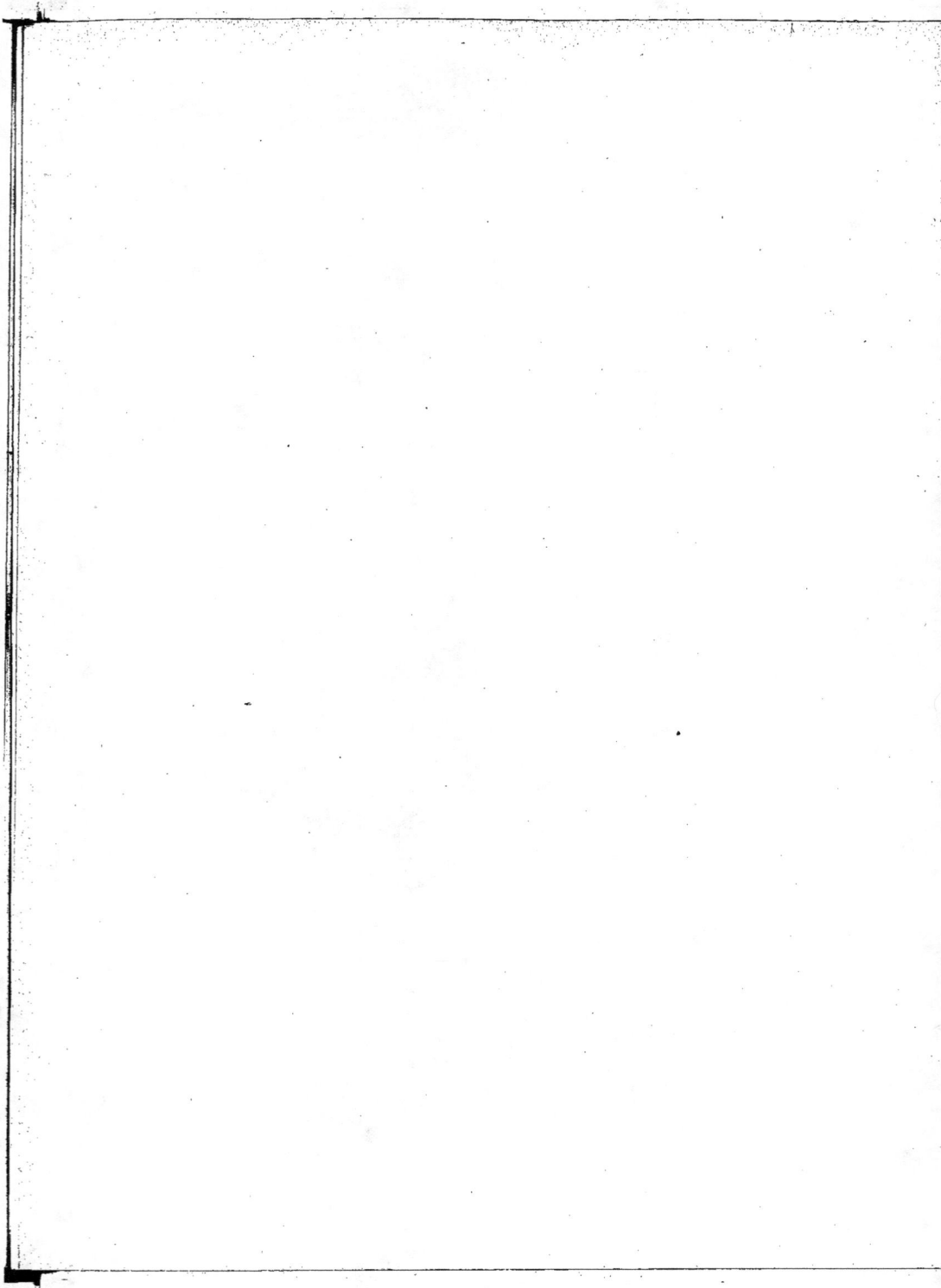

DÉTAILS D'UNE DES QUATRE F

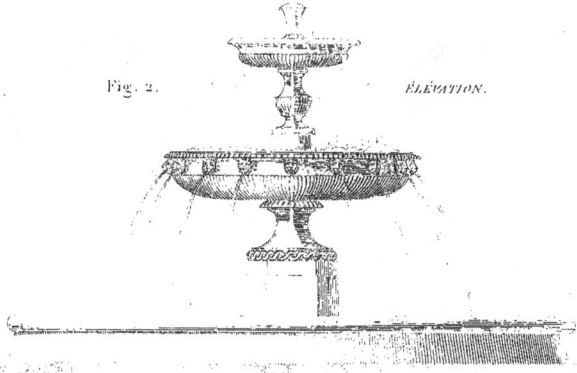

Fig. 2.   *ÉLÉVATION.*

PLAN.

Fig.

ONTAINES DE LA PLACE ROYALE.

Fig. 3.   *COUPE*   *sur la Ligne* AB.

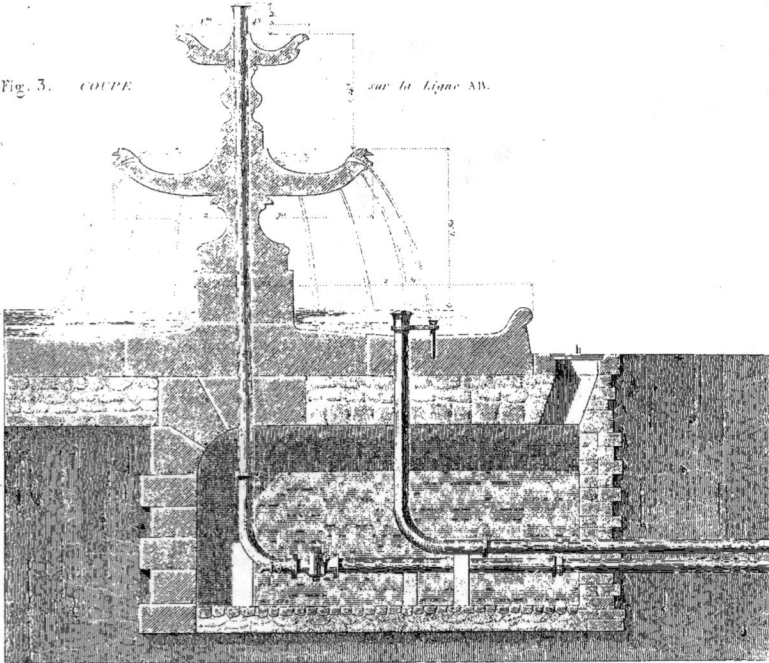

Plan du Regard.

Fig. 4.   A   B

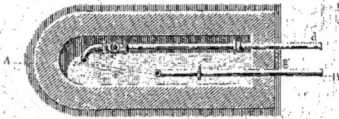

Gravé par Adam.

CHÂTEAU D'EAU DU

MOITIÉ

Boulevart

Dessiné par

BOULEVART BONDY.

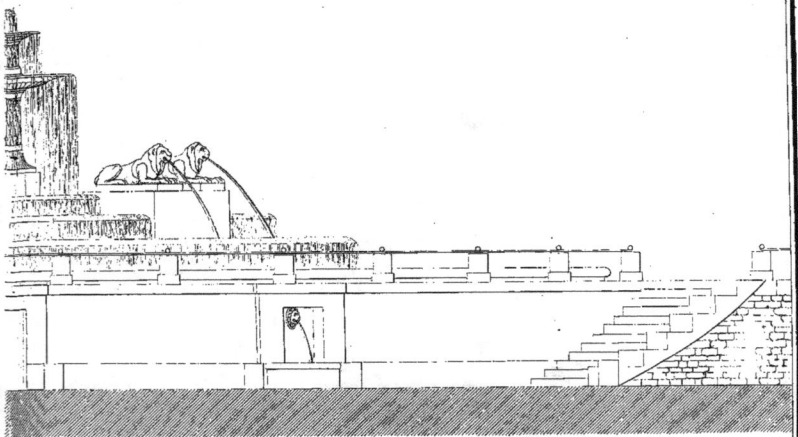

BU   PLAN.

Boulevart

Bondy

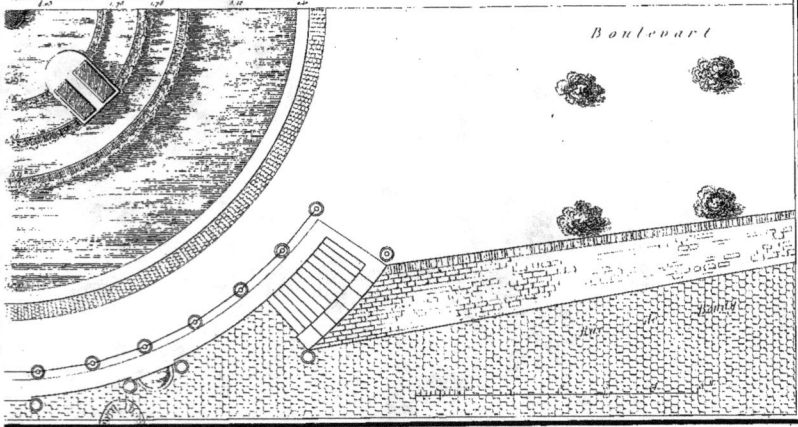

PLAN DES FONDATIONS

DU CHATEAU D'EAU DU BOULEVART BONDY

Conduite et Distribution des Eaux.

COUPE DU CHÂTEAU D'EA

prise sur la Ligne A B

Dessiné par Gourlier

AU DU BOULEVART BONDY.

s, du Plan des fondations.

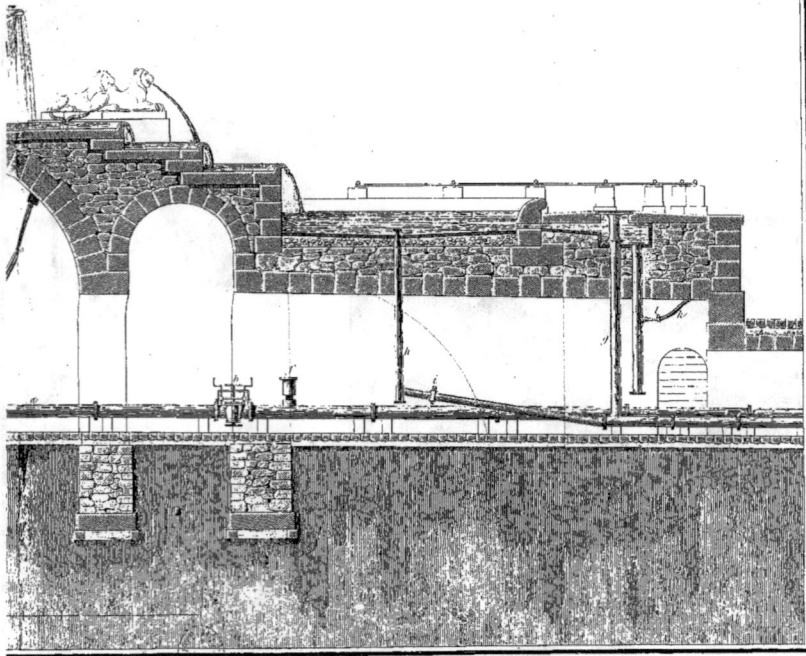

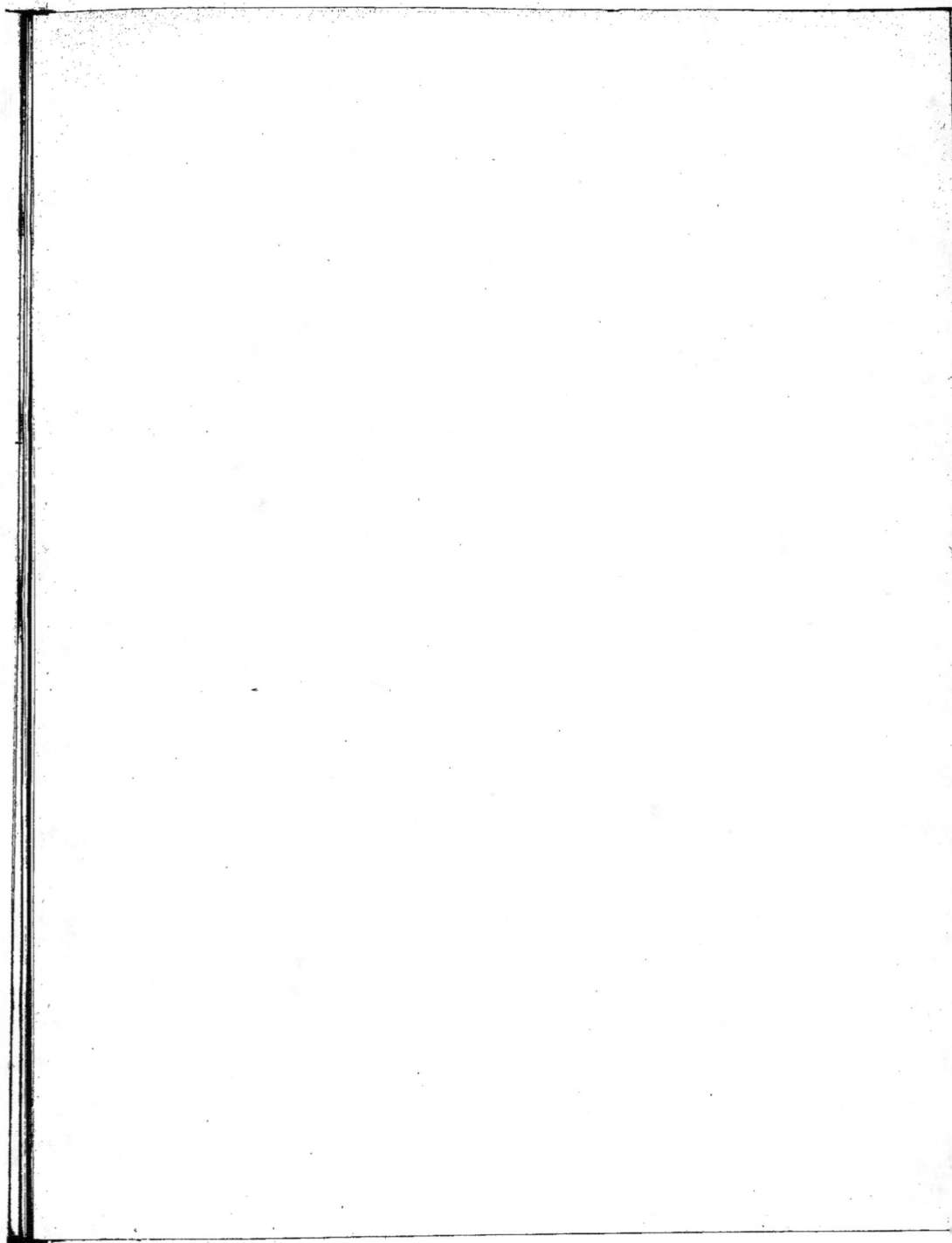

NOUVELLE FONTA

Fig. 2. *ÉLÉVATION.*

Fig

Fig

Fig

Rue du Port Mahon

Dessiné par Gastagne.

NTAINE CAILLON.

COUPE GÉNÉRALE
sur la Ligne AB.

Plan de la Cuvette de concession
placée en M

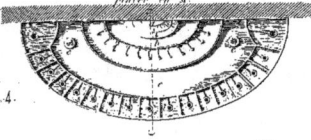

Fig. 4.

Coupe sur la Ligne CD.

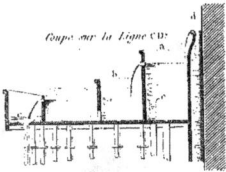

Fig. 5.

Fig. 1.

PLAN

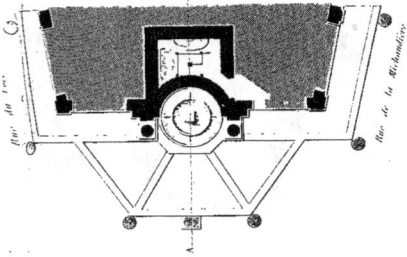

Fig. 3.

gravé par Adam

FONTAINES EXÉ

au Marché

au Marché St Germain.

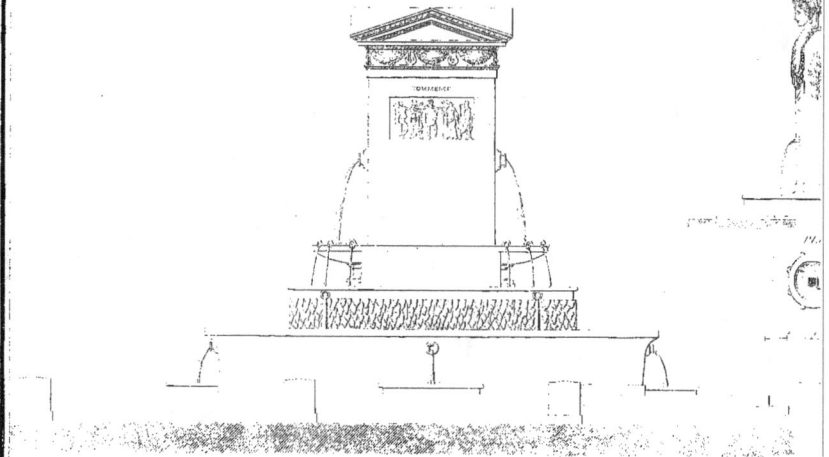

Plan

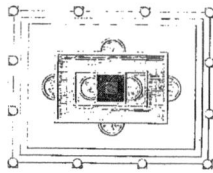

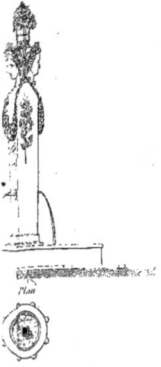

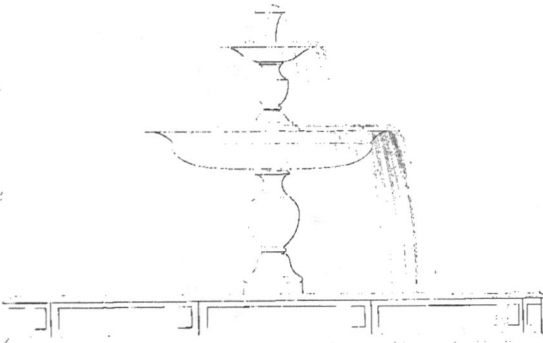

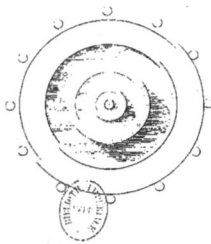

ÉCUTÉES À PARIS

té des Carmes.

sur la Place St Georges.

Plan

Plan

Élévation.

Échelle de _____ 2 ____ 3 ____ 4 ____ 5 ____ 6 ____ 7 ____ 10 mètres

Coupe.

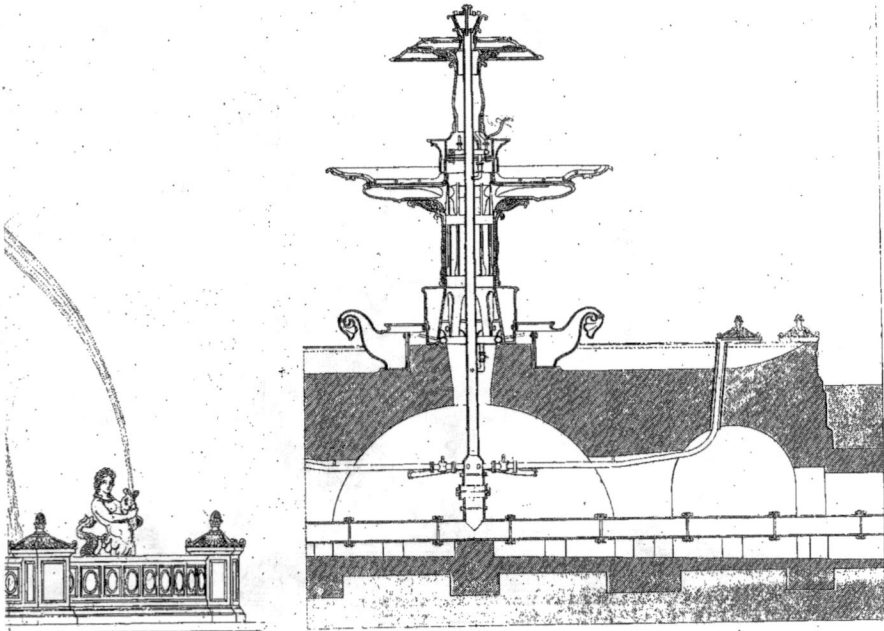

Échelle de .... 1 — 2 — 3 — 4 — 5 — 6 mètres.

Fontaine des Quatre Saisons.

Carré Marigny.

Echelle de

Fontaine de Venus.

Carré des Ambassadeurs.

4 mètre.

Fontaine placée dans un des quinconces des Champs Élysées. (M' Hittorff architecte).

Fontaine de l'Elysée.

Carré de l'Elysée.

Echelle de | ⊢—⊢—⊢—⊢ _ 1 _____ 2 _____ 3 _____ | 4 mètres.

Fontaine de la Place Richelieu.   (Mᵉ Visconti architecte).

Elévation.

Place Richelieu.

Echelle de ┣━━━━━━ *1* ━━ *2* ━━━ *3* ━━━ *4* ━━━ *5* ━━━ *6* ━━━ *7* ━━━ *8 mètres.*

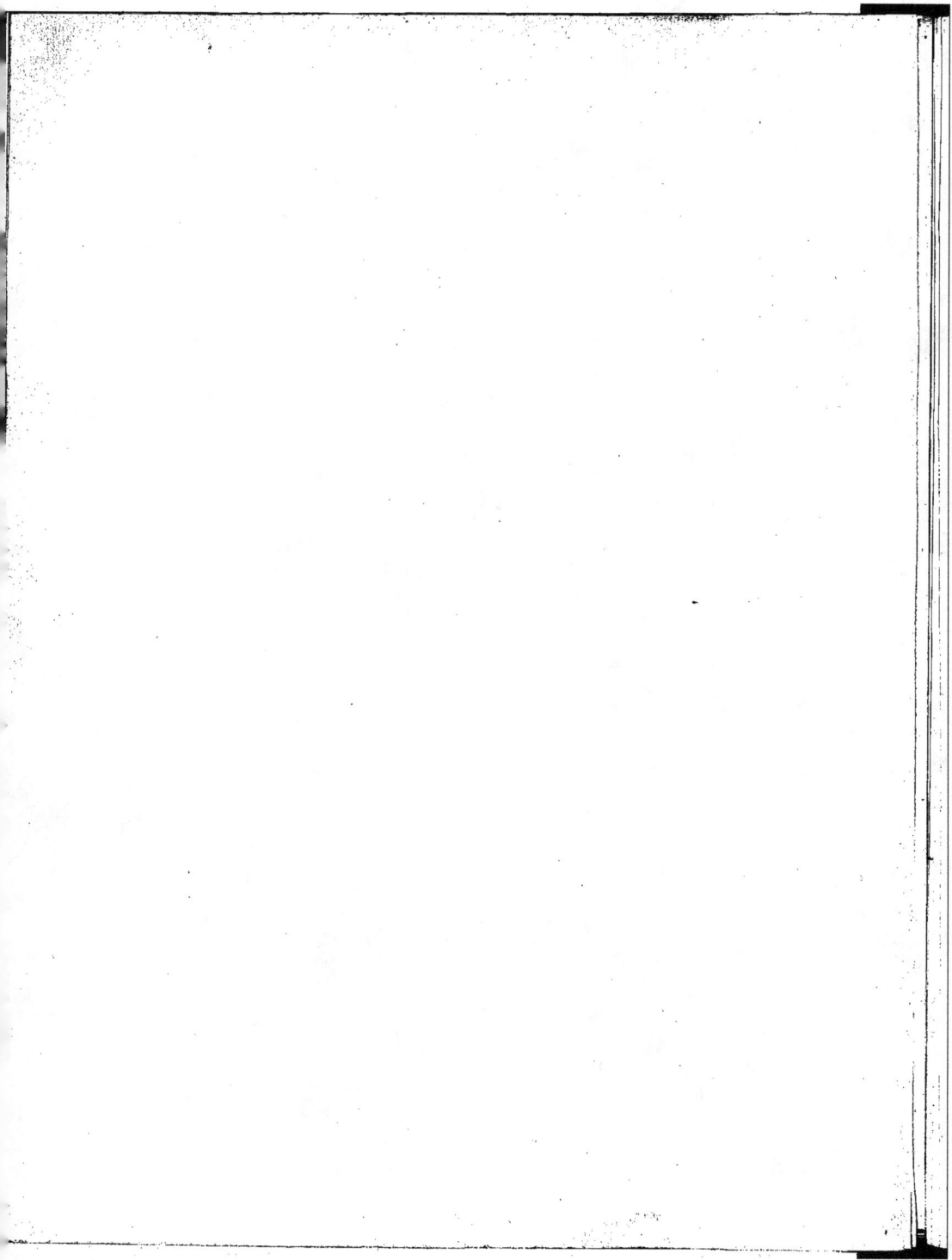

www.ingramcontent.com/pod-product-compliance
Lightning Source LLC
Chambersburg PA
CBHW072233270326
41930CB00010B/2117